Piero Martin

Maß für Maß

aufbau

Piero Martin

Maß für Maß

Die sieben Einheiten, die unsere Welt erklären

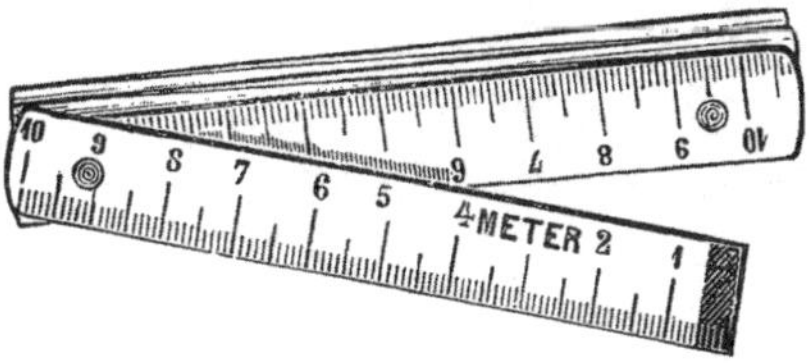

Aus dem Italienischen
von Julika Brandestini

aufbau

Die Originalausgabe unter dem Titel
Le 7 misure del mondo
erschien 2021 bei Editori Laterza, Rom.

MIX
Papier | Fördert gute Waldnutzung
FSC® C083411

ISBN 978-3-351-03981-3

Aufbau ist eine Marke der
Aufbau Verlage GmbH & Co. KG

1. Auflage 2022

Einbandgestaltung Anzinger und Rasp, München
Satz LVD GmbH, Berlin
Druck und Binden CPI books GmbH, Leck, Germany
Printed in Germany

www.aufbau-verlage.de

FÜR PAOLO, SCHÜLER UND MEISTER.

INHALTSVERZEICHNIS

EINLEITUNG

An diesem Abend öffneten sich in Hamburg auf der Großen Freiheit 64 die Pforten des Indra Musikclub wie gewöhnlich. Es war der 17. August des Jahres 1960, und in der Nacht würde die Temperatur unter die Zehn-Grad-Marke fallen. Der Sommer ging zur Neige, Elvis Presley entflammte die Charts weltweit mit *It's now or never*, während in Deutschland diesen Sommer Dalida reüssierte, mit einer deutschen Cover-Version von *Milord*, einem im Jahr zuvor veröffentlichten Chanson Edith Piafs.

Für die jungen Männer und Frauen, die vor dem Indra warteten, war es nur schwerlich, nein, wahrscheinlich unmöglich vorherzusehen, dass die unbekannte Band, die sie im Begriff waren zu hören, die Welt der Musik für immer auf den Kopf stellen würde. Ebenso ahnungslos bezüglich der Auswirkungen, die diese Jungs auf ihre Firma haben würden, waren die Köpfe der Electric and Musical Industries, bekannt auch unter dem Akronym EMI. Etwa dreißig Jahre zuvor in London gegründet, hervorgegangen aus einer Fusion der Columbia Graphophone Company und der Gramophone Company und bekannt geworden durch ihr denkwürdiges Label »Die Stimme seines Herrn«, war die EMI eine bedeutende Größe der Musikindustrie. Einer ihrer Ingenieure, Alan Blumlein, ließ 1931 die

Erfindung des stereophonen Aufnahme- und Wiedergabeverfahrens patentieren. In den 60er-Jahren produzierte die EMI erfolgreich Platten und verzeichnete bahnbrechende Entwicklungen im Bereich Elektronik, doch als am 17. August John Lennon, Paul McCartney und George Harrison die ersten Töne spielten, begann sich auch für die EMI etwas zu verändern. Harrison, Lennon und McCartney – zusammen mit Pete Best und Stuart Sutcliffe, der später durch Ringo Starr ersetzt werden sollte – hatten kurz zuvor die Beatles gegründet, und der Auftritt in Hamburg war ihr erstes Auslandsengagement. Sie spielten achtundvierzig Abende lang, und dann weitere neun Jahre bis zu ihrem letzten Konzert in London, auf dem Dach des Hauses in der Savile Row 3. Was dazwischen liegt, ist Geschichte.

Zu Ende des Zweiten Weltkriegs bezog sich die Erfahrung der EMI im Bereich Elektronik größtenteils auf militärische Produkte und Geräte, die sie dann in den zivilen Bereich zu übertragen begann. Der finanzielle Erfolg jedoch stellte sich erst mit der Explosion der Rock- und Popmusik in den 50er- und 60er-Jahren ein. Die Übernahme der amerikanischen Capital Records, der Erfolg ihrer Künstler und vor allem der Vertrag, der 1962 mit den Beatles geschlossen wurde, verhalf ihr zu großer Berühmtheit und beträchtlichen Gewinnen. Unter den Projekten, an denen die Ingenieure der EMI in den 60ern arbeiteten, war auch die bahnbrechende Entwicklung der Computertomografie, kurz CT, für die Medizin. Das CT ist heute ein grundlegendes Diagnoseinstrument und erlaubt es, Bilder mit höchster Auflösung aus dem Inneren des menschlichen Körpers zu erstellen. An der praktischen Umsetzung arbeitete in den Labors der EMI der Ingenieur Godfrey Hounsfield auf Grundlage der theoretischen Arbeiten des südafrikanischen Physikers Allan Cormack. Die beiden gewannen 1979 den Nobelpreis für Medizin. Lange ging das Gerücht um – übrigens nicht geschürt durch die Beatles –, dass das Quartett aus Liverpool einen maßgeblichen Beitrag zur Geburt dieses wichtigen Diagnoseinstruments geleistet hätte, besonders durch die großen Gewinne, die die EMI dank ihrer Lieder zu verzeichnen hatte und die zum kleinen Teil in die Entwicklung des CT geflossen seien. In Wirklichkeit kam, wenn man dem 2012 im *Journal of Computer Assisted Tomography* publizierten Artikel der kanadischen Wissenschaftler Zeev Maizlin und Patrick Vos Glauben schenkt, nur ein sehr geringer Teil der Finanzierung direkt von der EMI, wenn man ihn mit dem Anteil der britischen Regierung vergleicht.

Doch unbestritten bleibt der große Beitrag, den die Beatles zur modernen Kultur geleistet haben, und die Tatsache, dass die Medizin heute dank der EMI über ein unersetzliches Diagnoseinstrument verfügt, das buchstäblich Tag für Tag dazu beiträgt, Menschenleben zu retten. Ein Gerät, das den Absorptionswert von durch den menschlichen Körper geleiteten Röntgenstrahlen misst und aus diesen Daten detaillierte Bilder erstellt. Das CT ist eines von vielen Beispielen, wie eine Vermessung uns Aufschluss über uns selbst zu geben vermag, genauso wie auch die Messung der Körpertemperatur, des Blutdrucks, der Herzfrequenz. All das sind Operationen, bei denen wir Zahlen oder eine Reihe von Zahlen mit einer physikalischen Größe koppeln, also mit der Eigenschaft eines Phänomens, eines Aspekts der Natur oder der Welt, die uns umgibt, dem ein objektiver Wert zugeschrieben werden kann. Ein Wert, der sich durch mithilfe geeigneter Instrumente angestellte Vergleiche der betreffenden physikalischen Größe mit einer anderen Referenzgröße – genannt Maßeinheit – ergibt.

Seit jeher vermisst der Mensch die Welt. Er vermisst sie, um sie kennenzulernen und zu erforschen, um darin zu leben, um mit seinesgleichen zu interagieren, um Gerechtigkeit zu garantieren und zu erhalten, um sich mit den Gottheiten zu verbinden. Von der Antike bis heute bestimmt das Maß das Leben des Menschen – man denke nur an die Messung der Zeit und ihre Verbindung zum Leben –, seine Beziehung zur Natur und seine Beziehung zum Übernatürlichen. Die Menschheit vermisst die Welt, um ihre Vergangenheit zu ergründen, die Gegenwart zu verstehen, in die Zukunft zu schauen.

Vor 30.000 Jahren schnitzte ein menschliches Wesen, das im heutigen Frankreich lebte, in ein Plättchen aus Mammut-Elfenbein etwas, das wir heute als Aufzeichnung der Mondphasen eines Jahreslaufs interpretieren, eine Art Taschenkalender *ante litteram*.

Der Mensch misst aus freien Stücken, mit Instrumenten, die seinem eigenen Verstand entspringen. In der Natur gibt es Phänomene, die sich periodisch ereignen, wie der Wechsel von Tag und Nacht oder die Jahreszeiten, und es gibt Objekte von auffallend gleichmäßiger Form und Gewicht wie die Samen des Johannisbrotbaums, doch es ist der Verstand des Menschen, der sie zum Messen benutzt hat, der Meridiane, Waagen, Meterstäbe konstruiert hat. Die Natur selbst hingegen funktioniert natürlich auch ganz wunderbar ohne jedes Maß.

Es ist kein Zufall, dass man sich zu Beginn der Zivilisation bei der Entwicklung der ersten Maßeinheiten an etwas gehalten hat, das universell verfügbar war, das alle stets bei sich tragen: den menschlichen Körper. Arme, Beine, Finger, Füße sind bequeme und überall verfügbare Einheiten, die, abgesehen von einer gewissen individuellen Variabilität, mehr oder weniger alle dieselben Maße haben: Fünf *Spannen* Stoff, gemessen von einer erwachsenen Person zwischen Daumen und kleinem Finger der gespreizten Hand, ergeben in jedem Teil der Welt etwa einen Meter. Daher finden sich Maßeinheiten, die sich auf bestimmte Körperteile beziehen, mehr oder weniger überall. Zum Beispiel entspricht die *Elle* in etwa einem halben Meter, gemessen vom Ellenbogen bis zu den Fingerspitzen, und sie wurde von vielen Kulturen im Mittelmeerbecken benutzt: der ägyptischen, hebräischen, sumerischen, lateinischen und griechischen. Der *Fuß* findet sich in China, im antiken Griechenland und Römischen Reich. Im antiken Rom gibt es auch den *Schritt*, der zu Tausenden gezählt die römische *Meile* (*milia passuum*, Tausende von Schritten) begründet. Und ebenfalls in der Ewigen Stadt schrieb Marcus Vitruvius Pollio, besser bekannt als Vitruv, der circa von 80 bis 20 v. u. Z. lebte, sein enzyklopädisches Werk *De architectura libri decem*, Zehn Bücher über Architektur. Im ersten Kapitel des dritten Bandes spricht Vitruv über Symmetrie: »Die Anlage der Tempel beruht auf symmetrischen Verhältnissen, deren Gesetze die Baukünstler aufs Sorgfältigste innehaben müssen. Diese aber entstehen aus dem Ebenmaß (Proportion).«[1] Und er vergleicht sie mit den Proportionen des menschlichen Körpers: »Denn die Natur hat den Körper des Menschen so gebildet, daß das Angesicht von dem Kinn bis zu dem oberen Ende der Stirn und den untersten Haarwurzeln den zehnten Teil (der ganzen Körperlänge) ausmacht (...). Der Fuß aber mißt den sechsten Teil der Körperhöhe, der Vorderarm den vierten, die Brust gleichfalls den vierten Teil. Auch die übrigen Glieder haben ihre Maßverhältnisse, deren sich auch die alten angesehensten Maler und Bildhauer bedient und dadurch großen und endlosen Ruhm erlangt haben.«

Eines der berühmtesten und ikonischsten Werke Leonardo da Vincis verdankt Vitruv seinen Namen: *Uomo vitruviano*, der vitruvianische Mensch, verwahrt in den Gallerie dell'Accademia in Venedig – obgleich hinzuzufügen ist, wie auf der Seite des Museums nachzulesen, dass Leonardo seinerseits durch Leon Battista Alberti und Euklid inspiriert wurde. Mehr oder weniger zur gleichen Zeit wie Leonardo versucht in Deutschland Jacob Köbel, ebenfalls vom menschlichen Körper ausgehend, Maße zu definieren. Er schlägt vor, 16 ausgewachsene Männer sollten sonntags nach Verlassen der Kirche ihre Füße hintereinanderstellen. Diese 16 aneinandergereihten Füße definiert er als 1 *Rute*, im Englischen das immer noch gelegentlich verwendete *Rod*. Beides leitet sich wiederum von der römischen *Pertica* ab.

Die Maßeinheiten der verschiedenen Zeiten erlauben dem Menschen als sozialem Wesen zudem, mit seinesgleichen zu interagieren. Seit Beginn der Zivilisation ist es für die menschliche Gesellschaft somit unabdingbar, das Messen so allgemeingültig wie möglich zu machen. Dadurch konnte es zu einem starken Kleber der Gemeinschaft werden. Je größer diese wird und je mehr sie an Struktur gewinnt, desto mehr entsteht die Notwendigkeit eines Messsystems, das die engen Grenzen der lokalen Gemeinden überwindet. Deshalb ist es kein Zufall, dass in den großen Zivilisationen der Vergangenheit – der ägyptischen, der assyrisch-babylonischen, der griechischen und der römischen – große Sorgfalt auf die Definition von Maßeinheiten verwendet wird. Pharao Sesostris III. z. B., der circa 1850 v. u. Z. mit großer Hingabe ein System zur Vermessung der fruchtbaren Felder am Ufer des Nils erstellte, um eine effiziente Steuererhebung durchzuführen. Der sumerische König Gudea von Lagash, ein berühmter Bauherr seiner Zeit, ist heute als nicht minder berühmte, im Louvre verwahrte Statue mit einem Meterstab in der Hand zu bewundern. Auch die Meilensteine entlang der Römerstraßen, die stets die jeweilige Entfernung nach Rom angaben, und die Göttin Nemesis, die mit einer Waage und einem Meterstab dargestellt wird, zeugen von der Sehnsucht der Menschen nach der Vermessung der Welt. Und in der Bibel heißt es nicht umsonst: »Waage und rechte Waagschalen sind vom HERRN; und alle Gewichte im Beutel sind sein Werk.« Denn das Maß und die Fähigkeit, es allgemein und gültig zu machen, sind Insignien der Macht, der Verbindung mit dem Göttlichen, sind Zeichen von Zugehörigkeit und gegenseitigem Vertrauen.

Davon zeugen König Gudea mit dem Meterstab im Schoß, die Waage, die das Herz der verstorbenen Ägypter wog und so ihr Schicksal bestimmte, und die Steintafeln auf dem Marktplatz der Republik Venedig, die die minimal erlaubte Länge der verschiedenen verkauften Fische anzeigten. Und auch in der Moderne wurden die Modelle der Maßeinheiten – wie der Meterstab oder der Prototyp eines Kilogramms – stets in den Hauptstädten nahe dem zentralen Regierungssitz aufbewahrt. Maß bedeutet Macht, gleichzeitig aber auch gegenseitiges Vertrauen. Dank der von vertrauenswürdigen Institutionen verwalteten Referenzgrößen drängt es uns nicht danach, selbst ein Messgerät bei uns zu tragen, wenn wir etwas nach Gewicht oder Größe kaufen. Auch wenn wir wohl alle zugeben müssen, dass uns, wenn der Angestellte am Flughafen beim Check-in eine zu schwere Tasche für die Handgepäckrichtlinien moniert, schon einmal der Gedanke gekommen ist, die Waage könnte nicht richtig funktionieren.

Das Einheitensystem ist ein Spiegel der historischen Ereignisse. Als Europa mit dem Fall des Römischen Reiches in die dunklen Jahrhunderte des Mittelalters eintrat, wirkte sich der soziale und politische Verfall der Gemeinschaften in einem allmählichen Zusammenbruch der Maßsysteme aus, die wieder zunehmend lokaler wurden. Nicht zufällig wurden Ereignisse von visionärer Tragweite sehr häufig von dem Versuch begleitet, das Einheitensystem in immer größerem Maßstab zu vereinheitlichen. Dies versuchte auch, jedoch ohne Erfolg, der große Visionär Karl der Große. Die englische *Magna Charta* einige Jahrhunderte später war ein weiterer Versuch, Regeln für das Messen von Volumen, Längen und Gewichten für den Handel festzulegen; in der Klausel 36 ist zu lesen: »In unserem ganzen Reich soll nur ein Maß für Wein und eines für Bier sein; ebenso nur ein Maß für Getreide, das Londoner ›quarter‹; eine Breite für gefärbtes Tuch, Russets und Haberjects, 2 Ellen innerhalb der Sahlleiste; und wie mit dem Maß, so soll es auch mit dem Gewicht gehalten werden.«

Doch das Maß ist mit Sicherheit nicht allein die Domäne der westlichen Zivilisationen. Wie Robert Crease in seinem 2012 veröffentlichten Buch *World in the Balance* erzählt, tauchten in China bereits vor 2000 v. u. Z. erste Messverfahren auf. Einer der frühesten Erlasse von Qin Shi Huangdi – dem ersten Kaiser des vereinigten China – bestand darin, das System von Gewichten und Maßen zu zentralisieren. Ebenfalls beschreibt Crease die Entwicklung eines Messsystems bei den Akan-Völkern an der Westküste Afrikas, basierend auf kleinen Skulpturen, die als figürliche Gewichte fungierten und bereits vor dem 14. Jahrhundert für den Handel mit Goldstaub benutzt wurden.

Man muss jedoch ins 17. Jahrhundert springen, um mit der Galileischen Revolution und der Verbreitung der entsprechenden wissenschaftlichen Methode und dann im 18. Jahrhundert mit der Französischen Revolution auf zwei entscheidende Etappen für die Definition eines universellen Einheitensystems zu stoßen. Denn die moderne Wissenschaftsmethodik basiert unstrittig auf Experimenten und Beobachtungen und ihrer Reproduzierbarkeit. Um sie zu beschreiben, um durch sie neue Theorien aufzustellen oder existierende Theorien zu validieren oder sie zu widerlegen, braucht es eine gemeinsame Sprache: die der Maßeinheit. Die Französische Revolution basiert auf einem universellen, anti-aristokratischen Geist. Freiheit, Gleichheit, Brüderlichkeit konnten nicht in einer von Einzelinteressen bestimmten Gesellschaft wachsen, die sich unter anderem in wenig transparenten und konfusen Maßsystemen ausdrückten – man schätzt, dass es damals in der französischen Welt Abertausende verschiedener Maßeinheiten gab. Dieser Zustand bevorteilte diejenigen, die dieses verwirrende System verwalteten und aus der Konfusion auch noch Gewinn schlugen, während jene, die täglich gezwungen waren, es zu benutzen, alle Nachteile zu spüren bekamen.

Die Revolution benötigte dagegen ein universelles System, das für alle gleich ist. Eine Notwendigkeit, die bereits im vorrevolutionären Frankreich deutlich wird und die darum auf fruchtbaren Boden fällt. In den *Cahiers de doléances* (Beschwerdeheften) an die Generalstände, 1789 von König Ludwig XVI. notfallmäßig zusammengerufen, findet sich häufig die Forderung nach einheitlichen und überwachten Messsystemen, vor allem vonseiten des Dritten Standes – freie Bürger und Bauern –, für den die Messprozesse integraler Bestandteil der Arbeit und des Lebensunterhalts darstellen. Es ist darum kein Zufall, dass die Schneider fordern, es solle »dieselben Gewichte und dieselben Maße im ganzen Reich« geben, »ebenso wie ein einziges Gesetz und einen einheitlichen Zoll«, und dass die Schmiede nach »demselben Gewicht, demselben Maß, denselben Gesetzen« verlangen.

Das alles trug dazu bei, dass im letzten Jahrzehnt des 17. Jahrhunderts in Paris das metrische Dezimalsystem erfunden wurde, das sechs Einheiten vorsah: den *Meter* als Längenmaß, das *Ar* als Flächenmaß, den *Ster* – entsprechend einem *Kubikmeter* Feuerholz – als Volumenmaß, den *Liter* als Flüssigkeitsmaß, das *Gramm* als Gewichtsmaß und den *Franken* als Währungseinheit. Von diesen Einheiten werden einzig das *(Kilo) Gramm* und der *Meter* bis in unsere Tage überdauern und sind demnach Kinder der Revolution. Letzterer wurde in der Sitzung der Nationalversammlung vom 30. März 1791 als Zehnmillionstel der Entfernung zwischen dem Nordpol und dem Äquator festgelegt, gemessen entlang des Meridians, der durch Paris verläuft. Von der komplexen Theorie ging man sofort zur Praxis über, doch Gewohnheiten ändern sich langsam. So musste man noch beinahe ein halbes Jahrhundert warten, bis 1837 Minister Guizot ein Gesetz erließ, das formal das metrische System in Frankreich einführte.

Vom postrevolutionären Frankreich aus verbreitete sich der Wunsch, Grenzen zu überschreiten – wenigstens was die Maßeinheiten anging –, auf internationaler Ebene: Am 20. Mai 1875 unterschrieben 17 Nationen in Paris die *Convention du Mètre*, womit eine permanente Organisation ins Leben gerufen wurde, die im gegenseitigen Einvernehmen über alle die Maßeinheiten betreffenden Belange entscheiden sollte. Von diesem Zeitpunkt an intensivierten sich die metrologischen Aktivitäten, auch dank dem neu gegründeten Bureau International des poids et mesures. Eine große Zahl von Ländern besitzt heute offizielle Institute für Metrologie. In Italien ist es das Istituto Nazionale di Ricerca Metrologica (Inrim) mit Sitz in Turin, das als nationales Institut für Metrologie fungiert, in Deutschland die Physikalisch-Technische Bundesanstalt mit Sitz in Braunschweig und Berlin.

Die Woche, die mit dem 10. Oktober 1960 begann, brachte zwei Debüts.

Eines ereignete sich am Samstag, dem 15., in der Hamburger Kirchenallee. John, Paul, George und Ringo machten im Akustikstudio ihre erste gemeinsame Aufnahme: der Klassiker *Summertime* von George Gershwin. Das andere Debüt hatte schon am Mittwoch, dem 12., stattgefunden: mit dem Beginn der Elften Generalkonferenz für Maß und Gewicht in Paris. Bei dieser Gelegenheit wurde das internationale Einheitensystem – kurz SI – eingeführt, das erste wirklich universelle System. Auf seinem langen und beschwerlichen Weg machte das Maßsystem wichtige Meter gut. Ausgerechnet in den Jahren des Kalten Krieges, als die Grenzen zwischen den Nationen undurchlässiger werden, fallen die Grenzen der Einheitensysteme. Auch wenn viele vielleicht meinen, die Geschichte des 20. Jahrhunderts sei stärker durch das erste der beiden beschriebenen Debüts beeinflusst worden, ist es in Wirklichkeit das zweite, das unseren Dialog mit dem Universum radikal auf den Kopf gestellt hat.

Das internationale Einheitensystem besteht ursprünglich aus sechs Maßeinheiten: dem *Meter* für die Länge, der *Sekunde* für die Zeit, dem *Kilogramm* für die Masse, *Ampere* für den elektrischen Strom, *Kelvin* für die Temperatur und *Candela* für die Lichtstärke. Eine endlich kohärente Architektur, die mit sieben Einheiten – 1971 wird das *Mol* als Einheit der Stoffmenge, fundamental wichtig für die Physik, hinzugefügt – eine universelle und vollständige Sprache definiert, um nicht nur unsere kleine Welt, sondern die gesamte Natur zu vermessen, von den geheimsten subatomaren Winkeln bis zu den Grenzen des Universums.

Gesellschaft, Wissenschaft und moderne Technologie könnten ganz einfach nicht existieren ohne das Maß. Die Zivilisation des 21. Jahrhunderts ist undenkbar ohne Messinstrumente. Zeit, Längen, Entfernungen, Geschwindigkeiten, Richtung, Gewicht, Volumen, Temperatur, Druck, Kraft, Energie, Lichtstärke, Leistung sind nur einige der physikalischen Eigenschaften, für die täglich akkurate Messungen stattfinden.

Das Maßnehmen ist eine – wenn auch meist uns unbewusste – alltägliche Handlung und durchdringt jeden Aspekt unseres Lebens, eine Tatsache, die wir üblicherweise für selbstverständlich halten, und erst wenn die Messinstrumente ausfallen oder nicht verfügbar sind, wird uns bewusst, wie wichtig sie sind. Ohne eine Messung der Zeit gäbe es keine Uhren und Wecker am Morgen, ohne Volumenmessung wüssten wir nicht, wie viel Benzin in unserem Auto ist, ohne eine Messung von Standort oder Geschwindigkeit funktionierten weder Züge noch Flugzeuge, ohne Messung unserer Vitalparameter wäre im Krankheitsfall unsere Gesundheit stark gefährdet, ohne Elektromessungen funktionierte kein einziger elektrischer Apparat.

Wissenschaft und Technologie haben Riesenschritte getan, seit die französischen Revolutionäre das metrische System als Dezimalsystem definierten. Heute leben wir mit einer unvorstellbaren Menge an Präzisionsmessungen, die die Verifizierung neuer Theorien erlauben, Grundlage für zukünftige Nobelpreise bilden – die Messung des Higgs-Boson oder die Entdeckung der Gravitationswelle beispielsweise –, die unabdingbar sind für Spitzenforschungen in allen Bereichen der Wissenschaft, die uns erlaubt haben, die Covid-19-Pandemie zu bekämpfen, und das Funktionieren modernster Technologien garantieren, von Satelliten hoch oben bis hin zu den Smartphones, die in unsere Taschen passen.

All diese Messungen basieren auf dem Internationalen Einheitensystem, dessen Einheiten physische Entsprechungen in beispielhaften Objekten oder Phänomenen finden, also in etwas, das für alle zugänglich ist. Beispielsweise haben wir gesehen, dass der *Meter* ursprünglich als ein Zehnmillionstel der Entfernung zwischen Nordpol und Erdäquator definiert war. Aus praktischen Gründen wurde er 1889 neu definiert als Entfernung zwischen zwei in einen Stab aus einer Platin-Iridium-Legierung eingravierten Kerben, der im Bureau International des poids et mesures in Sèvres deponiert wurde. Ein Stab, der fortan als Standard dienen sollte, mit dem jeder andere auf der Welt hergestellte Meterstab verglichen werden konnte.

Die *Sekunde* wurde zunächst definiert als Bruchteil der Zeitspanne der Erdrotation, dem mittleren Sonnentag. 1960 fiel jedoch auf, dass diese Definition nicht ausreichend präzise war, da die Länge der Tage in der Zeit variiert, und die *Sekunde* wurde anhand der Rotation der Erde um die Sonne neu berechnet. Nur wenige Jahre später revidierte man die *Sekunde* erneut und definierte sie nun als Vielfaches der Frequenz eines bestimmten atomaren Übergangs des Caesiumatoms, immer in dem Bestreben, noch präziser zu werden.

Ebenfalls in Sèvres wird der *Kilogramm*-Prototyp aufbewahrt, das sogenannte *International Prototype Kilogram* (IPK), ein kleiner Zylinder aus 90 % Platin und 10 % Iridium, etwa vier mal vier *Zentimeter* groß. Dieser Zylinder ersetzte die französische Definition des *Kilogramms* als Entsprechung eines

Liters destilliertem Wasser bei einer Temperatur von vier *Grad Celsius.*

Trotz der Sorgfalt, mit der sie verwahrt werden, sind Stäbe und Zylinder, wenn sie aus Metall bestehen, mit der Zeit Veränderungen unterworfen. Der Kilogramm-Prototyp wurde 1889 zusammen mit fünf weiteren identischen Exemplaren hergestellt. Im Vergleich zu ihnen hat er im Laufe ungefähr eines Jahrhunderts circa ein Fünfzigmillionstel *Kilogramm* eingebüßt. Das mag klingen wie eine Kleinigkeit, es geht schließlich etwa um das Gewicht eines Salzkörnchens. Doch wenn man sich die Präzision vor Augen hält, die die moderne Wissenschaft erfordert, und die Tatsache, dass das *Kilogramm* Grundlage für die Definition abgeleiteter Einheiten ist – wie die der Kraft und der Energie –, handelt es sich um eine Abweichung, die in der Lage wäre, das gesamte internationale Einheitensystem auf den Kopf zu stellen. Der Verfall der Artefakte ist, wenngleich philosophisch folgerichtig hinsichtlich des Verfalls derer, die sie geschaffen haben – der Menschen –, absolut inkompatibel mit der Universalität und der Zuverlässigkeit, die die Wissenschaft fordert. Man drohte also dadurch in ein neues wissenschaftliches Mittelalter abzurutschen, ohne gesicherte Maßeinheiten.

Das haben die Wissenschaftler abzuwenden gewusst, die am 16. November 2018 beschlossen, die Größen des internationalen Einheitensystems nicht länger auf Grundlage materieller Objekte oder Ereignisse zu definieren, sondern ausgehend von universellen physikalischen Konstanten wie der Lichtgeschwindigkeit im Vakuum oder der Planck-Konstante. Konstanten, die zur Basis grundlegender physikalischer Theorien und Gesetze werden. Die Lichtgeschwindigkeit beispielsweise ist Grundlage für den Elektromagnetismus oder die Relativitätstheorie, während die Planck-Konstante unabdingbar für die Quantenmechanik ist.

Eine wahrhaft kopernikanische Revolution: Man hat in der Tat postuliert, den grundlegenden physikalischen Konstanten zu vertrauen, das heißt, ihren Wert als unveränderbar anzunehmen, und die Größen des internationalen Einheitensystems auf ihrer Grundlage neu definiert. Dem liegt die Annahme zugrunde, dass die Naturgesetze, die das Universum regieren, unveränderlich sind und als viel solidere Grundlage eines Einheitensystems dienen können als jene, die Objekte oder Ereignisse zur Grundlage nehmen, die wir sehen oder anfassen können. Ein epochaler Wandel für die Wissenschaft und die gesamte Menschheit, der noch wenig bekannt ist und den wir gemeinsam entdecken wollen.

Sieben Einheiten, eine Hymne an die Natur.

I.

DER METER

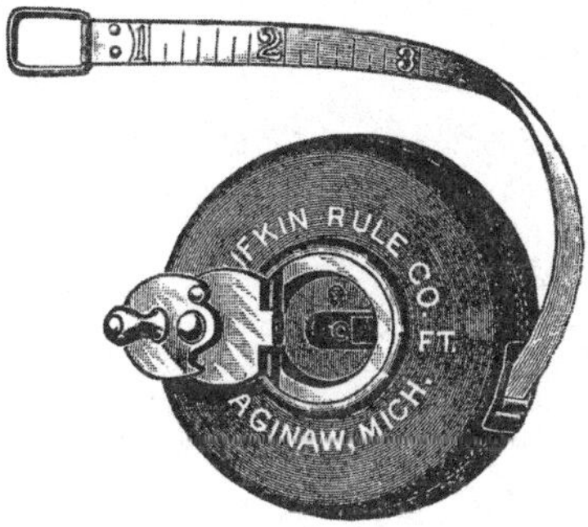

112, MERCER STREET

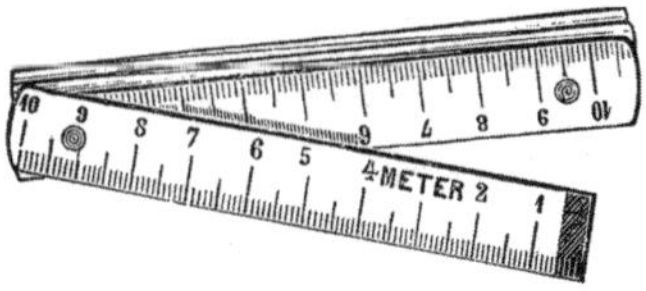

Die Hausnummer 112 der Mercer Street in Princeton, New Jersey, und die Fakultät für Physik der Lincoln University in Pennsylvania trennen in etwa 148.000 Meter Straße. So ausgedrückt wirkt die Summe enorm, doch übersetzt in 148 Kilometer ist die Entfernung weit weniger beängstigend. Heute sagt uns Google Maps, dass man mit dem Auto eine Stunde und vierzig Minuten braucht, um sie zurückzulegen, aber 1946 war eine solche Reise mit Sicherheit schwieriger, vor allem wenn derjenige, der sie unternahm, auf die Siebzig zuging und einige gesundheitliche Probleme hatte. Wenn man bedenkt, dass der Grund der Reise die Verleihung eines Ehrendoktortitels war – die Art von Ereignissen, die Albert Einstein der übermäßigen Formalitäten und Aufgeblasenheit wegen überhaupt nicht liebte –, so hätte es nicht verwundert, wenn der Vater der Relativitätstheorie die Einladung der Lincoln University wie üblich abgelehnt hätte. Denn darüber hinaus war diese damals eine recht kleine Universität, mit ihren nur etwas mehr als 2.000 Studenten.

Und doch nahm Professor Einstein die Einladung an, sogar gerne. Weil, so seine Worte, diesem Besuch am 3. Mai 1946

»ein wertvoller Zweck« zugrunde lag. Die Berühmtheit der Lincoln University überstieg bei Weitem ihre vergleichsweise begrenzten Dimensionen: Sie war die erste amerikanische Universität, die einem afroamerikanischen Studenten ein Studium ermöglichte. Gegründet 1854, bekam sie bald den Spitznamen »Das schwarze Princeton«, wegen der Verbindung ihrer Gründungsväter und ersten Dozenten mit der weitaus bekannteren Universität in New Jersey, und weil sie eine Anlaufstelle für afroamerikanische Studenten war.

Nach dem Zweiten Weltkrieg wurde die afroamerikanische Gemeinschaft noch immer durch die Rassentrennung unterdrückt. Obwohl eine ernüchternde Mehrheit der weißen Amerikaner vorgab, dieses Drama nicht zu sehen, erhob Einstein offen Anklage. Bereits 1937 trat seine Ansicht klar zutage: Er beherbergte bei sich Marian Anderson, eine der berühmtesten Opernsängerinnen des 20. Jahrhunderts, die zu einem Auftritt in Princeton aufgrund ihrer Hautfarbe im dortigen Hotel kein Zimmer bekam. Auch in einem Artikel von 1946 für die Zeitschrift *Pageant* – hauptsächlich gelesen von Weißen – schrieb Einstein über die Rassentrennung: »Je mehr ich mich als Amerikaner fühle, desto mehr schmerzt mich diese Situation.« Und er fügte hinzu: »Dem Gefühl, mitschuldig zu sein, kann ich nur entkommen, indem ich meine Stimme erhebe.« An jenem 3. Mai 1946 nahm der Nobelpreisträger – dessen ausgezehrtes Gesicht und bescheidenes Auftreten ihn beinahe wie eine biblische Gestalt wirken ließen, wie sich ein Student von damals erinnert – an der Verleihung der *honoris causa* teil und hielt eine Dankesrede, die Berühmtheit erlangen sollte. Er fand deutliche Worte gegen Rassismus und die Rassentrennung, die er als »keine Krankheit der Schwarzen, sondern eine Krankheit der weißen Menschen« definierte. Und er fuhr fort: »Ich habe nicht die Absicht, darüber zu schweigen.«

Es sollte noch weitere neun Jahre dauern, bis die wenigen Meter, die die vorderen und die hinteren Sitze der Autobusse trennten – Erstere den Weißen vorbehalten, Letztere den Schwarzen –, zum Auslöser für die Bürgerrechtsbewegung für die Rechte der Afroamerikaner wurden, dank der mutigen Rosa Parks, die sich weigerte, ebendiese Meter zurückzulegen. Das geschah am 1. Dezember 1955, den Einstein leider nicht mehr erlebte, denn bereits im April jenes Jahres war der Protagonist einer der größten Revolutionen der modernen Physik verstorben. Dieser Wissenschaftler hat mit der Relativitätstheorie nicht nur seine eigene Disziplin auf den Kopf gestellt hatte – und bis heute eine ganze Reihe von Nobelpreisträgern inspiriert, die Forschungen auf der Grundlage seiner Theorie anstellen, für die er selbst, es mutet an wie eine Ironie des Schicksals, gar nicht den Nobelpreis bekam. Sondern er revolutionierte das gesamte menschliche Wissen und ließ die Physik zu einem Bezugspunkt für Künstler, Philosophen, Intellektuelle und Popikonen werden.

Es ist also ganz natürlich, dass Einsteins Einfluss auch im Bereich der Maßeinheiten deutlich ist. Die Relativitätstheorie beschreibt kein isoliertes Phänomen, sondern die Umgebung, in der alle physikalischen Phänomene stattfinden: die Raumzeit. Einstein schreibt also nicht nur einen Teil des großen Drehbuchs der Natur, sondern legt damit die allgemeinen Regeln des übergeordneten Schauspiels fest. Die Relativitätstheorie ist eine Theorie über Raum und Zeit, und als solche hat sie Vorrang vor allen anderen, die mit ihr kohärent sein müssen.

Wenn man in Betracht zieht, dass der menschliche Verstand seit Jahrtausenden danach strebt, ein globales und universelles System von Einheiten zu entwickeln, um die Welt und die uns umgebende Natur zu beschreiben und zu verstehen – ein System, das Grenzen und Herrschaftsgebiete überwindet und gemeinsamer Besitz aller ist –, ist es nicht weiter verwunderlich, dass die Relativitätstheorie zu einem Meilenstein in der Entwicklung eines universellen Meters geworden ist. Und deshalb beginnen wir mit dieser Einheit unsere Entdeckungsreise, Maß für Maß.

Der Begriff des Meters selbst steht ikonenhaft für das Prinzip des Messens, sowohl in etymologischer Hinsicht – abgeleitet vom griechischen Wort μέτρον (metros – Maß) – als auch dadurch, dass er dem ersten internationalen Traktat über die Maßeinheiten, der *Convention du Mètre*, 1875 unterschrieben in Paris von 17 Nationen, seinen Namen gab. Ein Ereignis, das selten in den Geschichtsbüchern auftaucht und doch einen ersten Fixpunkt auf dem jahrtausendelangen Weg darstellt, der zu Anbeginn der Zivilisation seinen Anfang nahm.

VOM NIL AN DEN TIBER

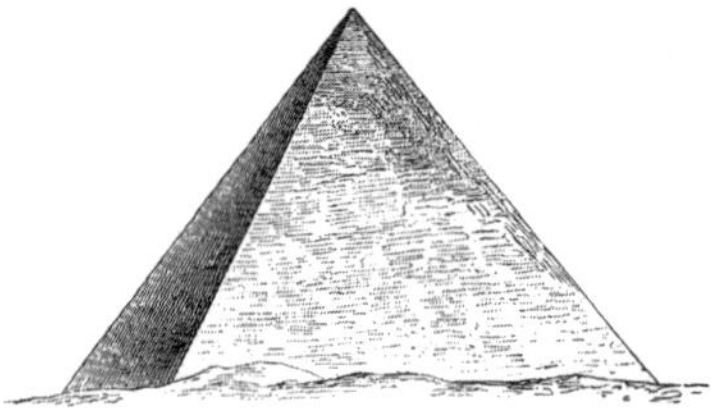

Neben der Messung von Zeit und Masse ist die Messung der Länge eine der ältesten und ureigensten des Menschen, da sie grundlegend für lebenswichtige Einrichtungen wie die Landwirtschaft ist. Im alten Ägypten war die Vermessung der Grundstücke eine enorm wichtige Angelegenheit und die Ursprünge der Geometrie werden deswegen der altägyptischen Zivilisation zugeschrieben.

Jedes Jahr trat der Nil infolge einer intensiven Regenzeit über die Ufer und überschwemmte große Flächen, auf denen sich der Nilschlamm anlagerte. Dieses Sediment war der Ursprung der Fruchtbarkeit der Ländereien entlang des Flusses. Wenn das Wasser sich zurückzog, galt es, die Grenzen der Ländereien nachzuziehen, die von der Flut fortgespült worden waren. Der Grund war also ein kommerzieller, und der Historiker Herodot erzählt uns davon, bezugnehmend auf den Erlass des

Pharaos Sesostris III., der um 1850 v. u. Z. regierte. Dieser Erlass besagte, dass fruchtbares Land unter seinen Untergebenen aufgeteilt werden solle, wobei jeder eine quadratische Parzelle erhielt: »Auch sagten sie, daß derselbe König [Seosostris] das Land unter alle Aegyprier vertheilt habe, daß er Jedem ein gleiches viereckiges Stück gegeben, und dann davon seine Einkünfte bezogen habe, indem er den jährlichen Zoll einer Abgabe darauf setzte. Wem aber von seinem Stück der Fluß Etwas wegriß, der hatte diesen Vorfall bei ihm anzuzeigen, worauf er seine Leute schickte, die nachsehen und wieder ausmessen mußten, um wie viel kleiner der Platz geworden sey; damit er vom Uebrigen nach Maß der angesetzten Abgabe zolle. Von daher, glaube ich nun, ist die Erfindung der Feldmeßkunst nach Hellas hinübergekommen.«[2]

Grenzen zu ziehen war also von grundlegender Wichtigkeit, um zu wissen, wer wie viel Steuern zu zahlen hatte. Darum verwendete die ägyptische Verwaltung so viel Sorgfalt auf diese Praxis und generell auf die Pflege und ständige Aktualisierung eines detaillierten Grundstückskatasters. Mit dieser Aufgabe betraut waren die Landmesser – Vorläufer der modernen Vermessungstechniker, ein Berufszweig also mit sehr althergebrachten Wurzeln! –, von den Griechen als »arpedonapti« bezeichnet, als »Seileknoter«. Tatsächlich war ihr Arbeitswerkzeug das Seil. Sie spannten ein Seil zwischen zwei entfernten Punkten und bildeten so eine Gerade, wovon noch heute der Ausdruck »eine Gerade ziehen« zeugt. Einen Kreis dagegen zogen sie, indem sie ein Ende des Seils an einem Punkt fixierten, zum Beispiel an einem in die Erde gesteckten Pflock, und das andere Ende darum rotieren ließen. Derartige Sorgfalt verlangte nach präzisen Einheiten, und es überrascht daher nicht, dass sie durch die Einführung von Maßen vereinheitlicht werden sollten, auf die Funktionäre und Steuerzahler gleichermaßen Bezug nehmen konnten. Die naheliegendste Wahl war, als

Prototyp etwas zu verwenden, was stets einfach verfügbar und von »menschlichen« Ausmaßen war. Was lag also näher, als einen Körperteil als Modell zu benutzen? Zweifellos etwas Universelles. Dies war die Geburtsstunde der ägyptischen Elle, die in etwa der Länge eines halben Meters entspricht, gemessen als Entfernung zwischen Ellenbogen und den Fingerspitzen. Die Elle wurde nicht nur für die Untergebenen des Pharaos, sondern in der gesamten antiken Welt zu einer recht verbreiteten Maßeinheit und gelangte schließlich nach Rom.

In der Bibel taucht das Wort »Elle«, entweder im Singular oder im Plural, 179 Mal auf. Eine der berühmtesten Erwähnungen findet sich in Kapitel 6 der Genesis, wo Gott zu Noah über das berühmteste Schiff der Heiligen Schrift spricht: »Da sprach Gott zu Noah: ›Das Ende allen Fleisches ist bei mir beschlossen, denn die Erde ist voller Frevel von ihnen; und siehe, ich will sie verderben mit der Erde. Mache dir einen Kasten von Tannenholz und mache Kammern darin und verpiche ihn mit Pech innen und außen. Und mache ihn so: Dreihundert Ellen sei die Länge, fünfzig Ellen die Breite und dreißig Ellen die Höhe. Ein Fenster sollst du für den Kasten machen obenan, eine Elle groß. Die Tür sollst du mitten in seine Seite setzen. Und er soll drei Stockwerke haben, eines unten, das zweite in der Mitte, das dritte oben.‹« Noahs Arche war etwa 150 Meter lang und 25 breit.

Entlang der Nilufer gab es zwei Versionen der Elle: die kleine, die etwa 45 cm maß, und die große Königselle, abgeleitet vom königlichen Arm, von etwa 52 cm Länge, entsprechend einer gewöhnlichen Elle plus einer Handbreit des Pharaos. Der Ellen-Prototyp war eine Stange aus schwarzem Granit, nach dem die Arbeits-Ellen in Form von Stein- oder Holzblöcken hergestellt wurden. Einige Exemplare davon haben bis in unsere Tage überdauert. Das Geschick beim Messen und die Präzision der Elle haben auch bei jenem – modern ausgedrückt – gigantischen logistischen und ingenieurtechnischen Experiment des

Pyramidenbaus eine entscheidende Rolle gespielt. Selbst wenn die von Herodot zitierten 100.000 Arbeiter heutzutage als Übertreibung gelten, sprechen verlässlichere Quellen immerhin von etwa 10.000 Personen. Die natürlich weder Funk noch Computer besaßen und dennoch die Pyramide von Gizeh mit einer solchen Präzision bauten, dass die exakten Längen der vier Grundlinien (je circa 230 Meter) nie mehr als zehn Zentimeter voneinander abweichen! Eine Präzision, die nebenbei gesagt 4.500 Jahre später den Ingenieuren der NASA beim Mars Climate Orbiter abging, einer 125-Millionen-Dollar-Raumsonde, die zum Mars fliegen und dessen Klima und Atmosphäre studieren sollte. Als sie sich dem Roten Planeten näherte, begann einer der Kontrollcomputer auf der Erde, ihr Anweisungen im angelsächsischen Maßsystem zu senden. Schade nur, dass die Bordcomputer darauf programmiert waren, Maße im metrischen System zu empfangen, und bekanntlich entspricht ein Yard nicht genau einem Meter … und diese zehn Prozent Abweichung haben genügt, den Absturz des armen Orbiter zu verursachen.

Eine andere Zivilisation, die mit Längenmaßen umzugehen wusste, war die römische. Das enorme Straßennetz, das die Römer gebaut haben – man schätzt, auf dem Höhepunkt der Expansion des Kaiserreiches beliefen sich die römischen Straßen auf eine Länge von etwa 80.000 Kilometer –, erforderte ein präzises Beschilderungssystem, um Entfernungen anzugeben. Diese Aufgabe erfüllten Meilensteine, auf denen die Strecke nach Rom oder zur nächstgelegenen Hauptstadt angegeben wird. Die Maßeinheit, die dafür verwendet wurde, war also die Meile, abgeleitet aus dem lateinischen *milia passuum*, tausend Schritte, denn sie entsprach tatsächlich 1000 Schritten. Der römische *passuum* entspricht 1,48 Metern und die römische Meile demnach 1480 Metern. Wenn ihr das Buch für einen Augenblick aus der Hand legt und versucht, eure Schrittlänge zu messen, fragt ihr euch vielleicht zu Recht, ob die alten Römer etwa monströs lange Beine hatten; denn eure Schrittlänge beträgt im Durchschnitt nur 70 Zentimeter. Das Rätsel ist schnell gelöst, denn der römische *passuum* entspricht der Entfernung zwischen dem Abheben und dem Wiederaufsetzen desselben Fußes während des Gehens, nicht der zwischen Abheben des einen und Stehenbleiben des anderen Fußes, was wir heute typischerweise als Schritt verstehen.

Auch wenn es heißt, »Alle Straßen führen nach Rom«, gaben die Meilensteine doch nicht immer die Entfernung nach Rom an. Zuweilen wurde stattdessen die Entfernung zu der Stadt angegeben, in der die Straße ihren Anfang nahm (*caput*), oder es fanden sich beide Angaben darauf. Einer Untersuchung von Gordon Laing von der Universität Chicago zufolge ist die Nummerierung von Rom ausgehend typisch für die Straßen Mittelitaliens, der Via Appia Richtung Süden und der Via Emilia Richtung Norden. Der Meilenstein, der die größte Entfernung nach Rom angibt, ist einer, der an der Via Domitia, die von Turin nach Spanien führt, gefunden wurde – genauer in der Nähe von Narbonne. Darauf ist eine Entfernung von 917 Meilen bis Rom zu lesen und von 16 bis Narbonne. Kurioserweise befindet sich darauf auch eine dritte Angabe von 898 Meilen, ebenfalls nach Rom, wahrscheinlich einer kürzeren Straße folgend. Kennt ihr das, wenn Google euch verschiedene Alternativen für eine bestimmte Strecke vorschlägt? Ihr seht, es war alles schon vorher da.

ALLONS ENFANTS

Halten wir einen Augenblick inne und reflektieren über die Folgen und die Bedeutung jener in Stein gemeißelten Zahlen. Das, was uns heute einfach als praktischer Hinweis erscheint, um eine Reise zu organisieren, war zur damaligen Zeit in

Wirklichkeit eine mehr als deutliche Demonstration von Macht und Teilhabe, ein Mittel, das vielleicht ebenso effektiv war wie Streitkräfte, um die Präsenz der Zentralregierung zu verdeutlichen. Bis in die entferntesten Winkel des Reiches gab die Entfernung nach Rom also einerseits an, wer das Sagen hatte – und, wenn nötig, mit Waffen auf diesen Straßen zurückkehren konnte –, aber andererseits auch, dass Rom ein Ort war, an den man, wenigstens theoretisch, gehen konnte, selbst wenn man kein Römer war. Ein erreichbares Zentrum der Macht. Diese Zahlen und diese Straßen besagten, dass die Regierung da war und sich um die Gebiete kümmerte, eine Regierung, die mit ihren römischen Ziffern einmal mehr deutlich machte, wo die Macht lag, doch zur gleichen Zeit allen die Möglichkeit gab, sie auf die gleiche Weise zu lesen, egal, an welchem Ort sie sich befanden.

Mit dem Fall des Römischen Reiches nahmen auch die Einheitsbestrebungen ab, die es verfolgt hatte, und es überrascht nicht, dass sich dies auch auf die Maßeinheiten auswirkte. In den folgenden langen Jahrhunderten waren die Längenmaße – und nicht nur diese – eine lokale Angelegenheit, im mehr oder weniger engen Sinne. Jede örtliche Gemeinde besaß ihre eigenen Einheiten, die häufig auf an stark frequentierten Orten ausgestellten Steintafeln bekannt gemacht wurden. Davon sind heute noch viele erhalten. Man schätzt, dass alleine in Frankreich etwa 250.000 verschiedene Maßeinheiten in Gebrauch waren.

Etwas fantasielos bezogen sich viele Längenmaße weiterhin auf verschiedene Körpermaße, deren Besitzer häufig ein örtlicher Gutsbesitzer war: Arme, Handflächen, Füße und so weiter. Natürlich war die Gültigkeit dieser Maßeinheiten örtlich viel begrenzter als im alten Ägypten, und dieser »metrische Souveränismus« verursachte nicht wenig Probleme.

Stellt euch nur das Leben eines fahrenden Stoff- oder Seilhändlers vor. Heute denken wir nicht einmal darüber nach, so natürlich erscheint es uns: Der Preis wird pro Meter berechnet, und wenn wir einen bestimmten Stoff in einer bestimmten Länge erwerben wollen, bezahlen wir dasselbe, ob wir ihn nun in der einen oder anderen Stadt kaufen oder im Internet. Doch damals musste der Verkäufer in jedem Dorf seinen Preis neu berechnen, und wenn er nicht ganz ehrlich war, hatte er einen großen Spielraum, um die Kunden zu betrügen. Generell verkomplizierte das Fehlen eines allgemeinen Maßstandards den Handel extrem und machte häufig die schwächsten Gesellschaftsschichten zum Spielball der aktuellen Machthaber, auch was die Vermessung von Land und Eigentum betraf.

Die Wissenschaft zum Allgemeingut der Bürger zu machen ist ein entscheidender Schritt hin zu einer funktionierenden Demokratie. Oder besser, so sollte es sein. (Angesichts zahlreicher aktueller Ereignisse ist der Konjunktiv leider unausweichlich.) Unstrittig jedoch war die von Galilei angestoßene Revolution und die daraus folgende Verbreitung der wissenschaftlichen Methode – wenn auch nur indirekt – grundlegendes Element für die Definition eines universellen Einheitensystems, das also für alle galt, unabhängig von Status oder Macht. Die Welt der Wissenschaft spürte nach und nach immer stärker die Notwendigkeit eines Systems, das ihr erlauben würde, Ergebnisse jener Experimente und Beobachtungen zu vergleichen, die seit Galilei nunmehr als Grundlage jedes wissenschaftlichen Fortschritts galten.

Man musste sich jedoch noch zwei weitere Jahrhunderte gedulden, bis die Französische Revolution mit ihren universalistischen und anti-aristokratischen Ansprüchen einen radikalen Wandel des Maßsystems auslöste. Von lokalen – und also schlecht kontrollierbaren – Systemen, die beim Handel häufig jenen wenigen zum Vorteil gereichten, die sie verwalteten und die aus der Verwirrung reichliche Gewinne schlugen, strebte man nach einem universellen und für alle gleichen System. Es ist darum kein Zufall, dass im letzten Jahrzehnt des 18. Jahrhunderts in Paris das metrische Dezimalsystem entsteht, Vorläufer des aktuellen internationalen Systems.

Die Revolution wollte sich in allen Bereichen von den alten weltlichen und religiösen Mächten lösen. Sie versuchte, einen Dezimalkalender einzuführen, der das Einhalten der religiösen Feste und besonders der Sonntage erschwerte. Sie hatte damit nicht viel Erfolg, doch zwei der neuen »revolutionären« Einheiten überlebten nicht nur, sondern wurden zur Grundlage dessen, was später unser heutiges metrisches System geworden ist: das Kilogramm und der Meter. Letzterer wurde in der Sitzung der Nationalversammlung vom 30. März 1791 definiert als Zehnmillionstel der Entfernung zwischen Nordpol und Äquator, gemessen entlang des durch Paris führenden Meridians. Von der Theorie ging man sofort zur Praxis über. Zwei Wissenschaftler, Jean-Baptiste Delambre und Pierre Méchain, wurden damit beauftragt, eine physikalische Vermessung eines Teils des Meridians vorzunehmen, der durch Paris verlief. Sie wählten den Abschnitt zwischen Dunkerque und Barcelona, der etwa ein Zehntel der Entfernung zwischen Nordpol und Äquator bemaß. Die Strecke birgt den unschätzbaren Vorteil, größtenteils in der Ebene zu verlaufen. Die beiden brachen 1792 auf. Delambre maß von Dunkerque bis zur Kathedrale von Rodez, während Méchain von Rodez aus die Strecke bis Barcelona vermaß. Sie glaubten, dies innerhalb eines Jahres erledigen zu können, doch sie brauchten sechs, eine Unternehmung mit epischen Zügen, die zusätzlich dadurch erschwert wurde, dass sie in einem von der Revolution gebeutelten Frankreich stattfinden musste.

1798 übermittelten sie ihre Ergebnisse nach Paris, und auf ihrer Grundlage wurde die offizielle Länge des Meters definiert, der sich in Form eines Platinstabes materialisierte, genannt *mètre des archives*. Der Stab wurde am 22. Juni 1799 im Nationalarchiv als Vergleichsprototyp deponiert. Nach seinem Vorbild wurden etliche weitere für den praktischen Gebrauch gefertigt. Mit dem Ziel, die Bevölkerung mit der neuen Maßeinheit vertraut zu machen, wurden an verschiedenen Orten in Paris Meterprototypen aufgehängt. Heute sind noch zwei davon erhalten: einer in der Rue de Vaugirard 36 und einer an der Place Vendôme 13.

Gewohnheiten auszuräumen ist jedoch schwer, und die Einführung des neuen Systems stieß auf einigen Widerstand in der Bevölkerung, die weiterhin die alten Einheiten benutzte, bis Napoleon 1821 das Gesetz zur obligatorischen Anwendung des metrischen Systems erließ. Beinahe in einem kuriosen Parallelismus zu den Geschicken der Mächtigen erlebt das metrische System in Frankreich nach dem Fall Napoleons erst 1840 einen neuen Höhepunkt durch eine Gesetzgebungsinitiative. Doch es dauert bis zur zweiten Hälfte des 19. Jahrhunderts, bis das metrische System ein für alle Mal in Frankreich Fuß fasst und allmählich auch im restlichen Europa Verbreitung findet.

1861 wurde mit dem Gesetz Nr. 132 vom 28. Juli im Königreich Italien das metrische Dezimalsystem eingeführt. Auch dort erfolgte die Umsetzung keineswegs unverzüglich, und die Zentralregierung übte Druck auf die Bürgermeister aus, damit sie der Bevölkerung den Gebrauch der neuen Maßeinheiten in der Praxis nahebrachten. Eigens dazu bestimmte steinerne Auskunftstafeln wurden an öffentlichen Plätzen ausgestellt. Interessant ist auch die Rolle der Schulen beim Fortschreiten der metrischen Alphabetisierung. Bei der Durchsicht beispielsweise des Lehrplans der Grundschulen von 1860 liest man Sätze wie »Diesen Begriffen wird der Lehrer eine kurze Einführung des metrischen Systems anfügen, die Namen der neuen Maßeinheiten nennen, deutlich machen, was unter dem Begriff Meter zu verstehen ist, wie aus ihm alle weiteren Maßeinheiten hervorgehen, und welchen Wert jede einzelne davon hat«, und: »Die Lehrer der Vierten und der unteren Klassen sollten bedenken, dass der wichtigste Stoff der Grundschulbildung der Katechismus und die Storia Sacra* ist, Grammatik und italienischer Aufsatz, Arithmetik und das metrische Dezimalsystem. Darauf lege man die größte Sorgfalt, dem widme man die meiste verfügbare Unterrichtszeit.«

Der Weg jedoch war bereits geebnet, und Schritt für Schritt, oder besser Meter um Meter, wurde der revolutionäre Traum Wirklichkeit. Am 20. Mai 1875 wurde in Paris von 17 Staaten die *Convention du Mètre* unterzeichnet, ein Vertrag, der eine permanente Organisationsstruktur vorsah, die den Mitgliedsstaaten erlaubte, in allen Belangen, die die Maßeinheiten betreffen, im allgemeinen Einverständnis zu handeln. Dies begründete darüber hinaus die *Conférence générale des poids et mesures* (CGPM), die Generalkonferenz für Maß und Gewicht, als internationale diplomatische Agentur verantwortlich für die Pflege eines internationalen Einheitensystems im Einklang mit dem Fortschritt von Wissenschaft und Industrie.

In dieser Zeit wurde als zwischenstaatliche Organisation auch das Bureau International des poids et mesures (BIPM), das Internationale Büro für Maß und Gewicht, ins Leben gerufen. Mit seinem Sitz ganz in der Nähe von Paris, in Sèvres, ist das BIPM der Organismus, durch den die Mitgliedsstaaten in metrologischen Fragen agieren, und zugleich Hüter des internationalen Einheitensystems, wissenschaftlicher, aber zugleich auch praktischer Hüter. Beim BIPM wird der Meter-Prototyp verwahrt, ein Stab aus Platin-Iridium, mit Längsverstrebungen in Form eines H, um eventuelle Verformungen zu vermeiden. Darüber hinaus wurde 1875 die Länge eines Meters festgelegt als der Abstand zwischen zwei Strichen auf dem Stab, der also selbst länger als einen Meter war, um eventuelle Probleme durch eine Beschädigung der äußeren Enden zu vermeiden.

* Hierbei handelt es sich um ein Schulbuch des Alten und Neuen Testaments.

Dieses Stück Metall sollte der Prototyp sein, nach dem alle anderen Meterstäbe der Welt kalibriert werden würden. Und das geschah tatsächlich – natürlich nur indirekt – mithilfe sekundärer Prototypen, akkurate Kopien des Stabes von Sèvres, die an die Mitgliedsstaaten der *Convention du Mètre* verteilt wurden.

DER ANFANG VOM ENDE

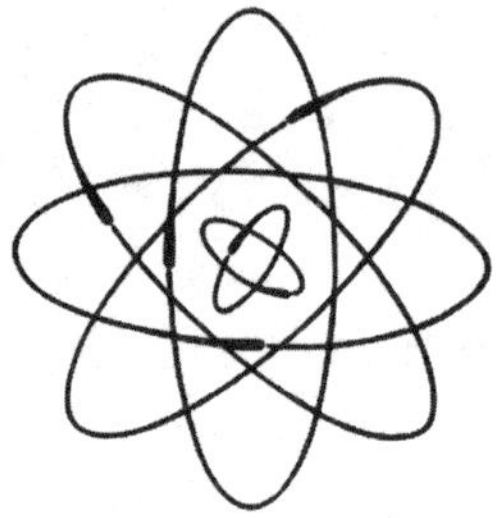

In den Augen derjenigen, die den Meter-Prototypen 1875 entwarfen, musste die Solidität eines einfachen und zugleich robusten Instruments wie einem Metallstab außerordentlich groß wirken und als Garant einer langen Lebenszeit als weltweites Referenzobjekt. Doch gerade als der Platin-Iridium-Stab hergestellt wurde und man begann, ihn zu verwenden, trat die Physik in eine Ära ein, die sie auf den Kopf stellen sollte und die schließlich dieses illustre Metallstück, Erbe revolutionärer Bestrebungen, in Pension schicken sollte. Die letzten Jahrzehnte des 19. und die ersten des 20. Jahrhunderts brachten eine Vielzahl von Erkenntnissen mit sich, die die Basis für die moderne Physik und Technologie bilden sollten.

Zum Beispiel das Durchdringen des Elektromagnetismus. Der schottische Wissenschaftler James Clerk Maxwell hätte kaum auch nur im Entferntesten ahnen können, welche praktischen Auswirkungen sein 1873 veröffentlichter *Treatise on Electricity and Magnetism* haben würde. Man denke nur daran, dass die vier Maxwell-Gleichungen – in ihrer Einfachheit und Eleganz – alle Phänomene und die Technologie des klassischen Elektromagnetismus beschreiben, im Besonderen die elektromagnetischen Wellen, vom Regenbogen bis hin zu Elektroautos, von der Handytelefonie bis hin zur Frage, warum der Himmel blau ist, vom Motor der Waschmaschine bis hin zur Bewegung der Elementarteilchen in den Teilchenbeschleunigern des CERN. Ebenso wenig ahnte davon Heinrich Hertz, der Erste, dem es gelang, experimentell die Existenz der von Maxwell vorhergesagten elektromagnetischen Wellen nachzuweisen. Es heißt, Hertz habe seine Entdeckung der elektromagnetischen Wellen folgendermaßen kommentiert: »Sie werden von keinerlei praktischem Nutzen sein. Mein Experiment zeigt einzig und allein, dass die Theorie des Meisters Maxwell korrekt ist. Wir haben ganz einfach diese mysteriösen elektromagnetischen Wellen, die da sind und die wir mit bloßem Auge nicht sehen können.« Ihm wurde die Frage gestellt: »Was wird also nun nach Ihrem Experiment geschehen?« Und Heinrich Hertz hat offenbar in aller Bescheidenheit geantwortet: »Ich nehme an, gar nichts.« Mangelnde Vorstellungskraft kann man ihm deshalb sicher nicht vorwerfen. Zur damaligen Zeit wäre es in der Tat unmöglich gewesen, all die Anwendungsbereiche vorherzusehen, die die elektromagnetischen Wellen später finden sollten: in der Kommunikation, beim Reisen, beim Kochen, in der Medizin, um verschiedene Krankheiten zu diagnostizieren und zu heilen, und noch in vielen weiteren Bereichen.

Jene Jahrzehnte lieferten auch enormen Fortschritt im Verständnis der Struktur der Materie, was den Weg für die moderne Atomtheorie ebnen sollte. Die Entdeckung der Röntgenstrahlung durch Wilhelm Röntgen im Jahr 1895 und die Entdeckung des photoelektrischen Effekts 1887 durch Hertz – ein Effekt, der 1905 durch Einstein vollständig beschrieben wurde und ihm 1921 den Nobelpreis einbrachte – sowie schließlich zehn Jahre später, 1897, die Entdeckung des Elektrons durch Joseph John Thomson sind wichtige Etappen des Weges hin zu unserem heutigen Verständnis, dass die Materie, die uns umgibt, aus submikroskopischen Teilchen besteht, die wir Atome nennen. Diese bestehen ihrerseits aus einem Kern von Protonen und Neutronen sowie weiterhin Elektronen, die sich außerhalb des eigentlichen Kerns befinden. Nur wenige Jahre später führte dieser damit begonnene Weg dann auch noch zur Quantenrevolution.

Schwerlich reichte also die durch zwei Striche auf einem Metallstab – wenn auch einem äußerst noblen – garantierte Präzision für lange Zeit aus, um die Dimensionen der neuen Welt zu vermessen, die die Physik allmählich entdeckte. So akkurat es auch war, drohte dieses handgemachte Werkzeug zum Vermächtnis einer vergangenen Epoche zu werden, unfähig, den immer drängenderen Anforderungen der neuen Physik zu genügen, die die »menschlichen« Ausmaße verließ, um sich – auf immer umfassendere Weise – dem unendlich Kleinen und unendlich Großen zuzuwenden. Innerhalb weniger Jahrzehnte haben sich die Dimensionen der Physik beinahe maßlos erweitert, vom Milliardstel Bruchteil eines Meters des Bohrschen Atoms bis hin zu den Tausenden Milliarden Kilometern Entfernung von der Erde zu den Galaxien am Rande des Universums, die der Astronom Hubble studierte.

Das Schicksal des Urmeters war paradoxerweise bereits in dem Moment, in dem er entstand, besiegelt. Das Manufakt von Sèvres fiel auf der einen Seite dem ständigen Verlangen nach immer größerer Präzision der Messungen durch die neue Physik und Technologie, auf der anderen Seite der Globalisierung derselben zum Opfer. Entstanden in einem eurozentristischen Kontext, in dem die Entfernungen zwischen den geistigen Zentren begrenzt waren, sah sich der Meter zu Beginn des 20. Jahrhunderts mit einer wissenschaftlichen Welt konfrontiert, in der nie die Sonne unterging. Die Kopien eines materiellen Objekts wie dem Urmeter waren, so akkurat sie auch sein mochten, doch vergänglich. Sie konnten nicht gleichzeitig an allen Orten sein, an denen sie gebraucht wurden, und erwiesen sich als immer unzureichender, die neue und ständig wachsende Welt zu vermessen, die man sich erschloss.

Der Urmeter konnte noch genügen, um beispielsweise die Dimensionen der Fußballfelder zu vermessen, auf denen Anfang des 20. Jahrhunderts Harald Bohr kickte, ein Spieler des Akademisk Boldklub Kopenhagen und der dänischen Nationalmannschaft, mit der er 1908 die Silbermedaille bei den Olympischen Spielen in London gewann. Doch keineswegs genügte er dessen berühmtem Bruder Niels – vielleicht die historisch einzige Familie, in der ein Wissenschaftler mehr Ruhm erlangte als der Profi-Fußballer – es ist also doch möglich! –, der 1913 in der Zeitschrift *Philosophical Magazine* den Artikel »On the Constitution of Atoms and Molecules« publizierte. Mit dieser Untersuchung legte Niels Bohr den Grundstein der modernen Quantentheorie der Atome. Er beschrieb das Atom als ein submikroskopisch kleines Sonnensystem vom Ausmaß etwa eines Zehntelmilliardstel Meters, mit dem Kern in der Mitte und den Elektronen, die darum kreisen, und er nahm in einer genialen Eingebung die Quantisierung von Energie vorweg.

Eines der vier Postulate, die die Säulen der Bohrschen Atomtheorie bilden, besagt, dass ein Atom nur dann elektromagnetische Strahlung mit einer genau definierten Energie abgibt, wenn das Elektron, das sich anfangs auf einer bestimmten Umlaufbahn befindet, plötzlich seine Bahn verändert und in eine andere mit weniger Energie wechselt. Laut Bohr ist die Frequenz der abgegebenen Strahlung gleichzusetzen mit der Differenz der beiden Energien geteilt durch die Planck-Konstante, eine weitere universelle Konstante der Physik, der wir im Folgenden noch wiederbegegnen werden. Das bedeutet, dass jedes Atom aufgrund der Übergänge seiner Elektronen in begrenzter und vorherbestimmter Menge elektromagnetische Strahlung abgeben kann, in einer bestimmten Energiemenge, oder, wenn ich so sagen darf, in bestimmten Farben. All diese Übergangs-Energien zusammen bilden das Strahlungsspektrum eines Atoms, und jedes Element im Periodensystem hat sein eigenes, das sich von dem der anderen unterscheidet. Eine

Art Farben-Fingerabdruck für jedes Element. Um nur ein Beispiel zu nennen, das wohl jeder kennt: Wenn beim Nudelnkochen ein wenig Wasser überläuft und auf die Gasflamme tropft, könnt ihr beobachten, dass sie sich gelb färbt, eine Farbe, die zum Emissionsspektrum von Natrium gehört. Bevor ihr das aber ausprobiert, seid gewarnt: Achtung, das Experiment gelingt nicht, wenn ihr vergessen habt, das Wasser zu salzen! Das Natrium stammt nämlich aus dem Salz.

Ausgerechnet ein Atom war es, das den Urmeter schließlich in Pension schickte, als er weniger als ein Jahrhundert nach seiner Einführung von einer entschieden unantastbareren Definition abgelöst wurde.

Tatsächlich wurde der Meter 1960 dank niemand Geringerem als Superman neu definiert. Nun ja, zugegebenermaßen nicht ganz, aber das Krypton hat damit zu tun, Element des Periodensystems mit der Ordnungszahl 36, nach dem die Erfinder von Superman den Herkunftsplaneten des Superhelden benannten. Krypton ist ein reaktionsträges Edelgas, das häufig benutzt wird, um das Licht in den sogenannten Neonlampen zu erzeugen (die nicht immer mit Neon funktionieren ...). Dank der Fortschritte der Optik wurde in jenen Jahren die Wellenlänge der von den Atomen abgegebenen sichtbaren Strahlung mit sehr viel größerer Präzision gemessen als die, mit der ehedem der Abstand zwischen den zwei Kerben im Meterstab bestimmt wurde (die selbst auch einen, wenngleich kleinen Durchmesser haben). Man beschloss daher, den Meter zu definieren als 1.650.763,73 Wellenlängen der Strahlung bei einem genau definierten elektronischen Übergang des Isotops Krypton-86. Nehmt jene Wellenlänge 1.650.763,73 Mal, und ihr habt einen Meter.

Diese von der Generalkonferenz für Maß und Gewicht am 14. Oktober 1960 beschlossene Änderung ist von epochaler Bedeutung, weil die Definition des Meters damit nicht länger von einem menschengemachten Objekt wie einem Stab abhängt, sondern von einem Naturphänomen, genauer, von dem von einem Atom abgegebenen Licht. Die unvermeidliche Vergänglichkeit menschlicher Produktion wird abgelöst durch die Ewigkeit der Natur. Die Verwendung des Kryptons zur Bestimmung einer Maßeinheit öffnet die Pforten zu einem neuen Vertrauen auf die Natur statt auf menschliche Artefakte.

Die Bekanntheit des Kryptons jedoch ist bei Weitem eher Superman zuzuschreiben als dem Meter. Tatsächlich vergingen nur wenig mehr als 20 Jahre, bis 1983 eine neue Protagonistin der Metrologie die Bühne betrat, die dazu bestimmt war, lange zu währen: die Lichtgeschwindigkeit.

EINE NEUE RELATIVITÄT

C = CONST

Im öffentlichen Bewusstsein besteht die Physik häufig aus zwei bestimmten Zutaten: erstens aus verschrobenen Wissenschaftlern, die im Wolkenkuckucksheim leben – besonders, wenn sie durch irgendein herausragendes Detail wie zerzauste Haare oder außergewöhnliche Kleidung und Schuhwerk auffallen –, und zweitens aus bekritzelten Tafeln voller unverständlicher Gleichungen. Die Geschichte des Besuchs von Albert Einstein an der Lincoln University zeigt uns dagegen, dass Physiker viel häufiger einfach nur Menschen sind, die wie alle anderen auch in ihrer jeweiligen Zeit leben und vielleicht, oder vielleicht auch nicht, versuchen, sie zu verändern. Ein Protagonist der Kernphysik, der Chemiker Fritz Straßmann, der zusammen mit Lise Meitner und Otto Hahn die Kernspaltung entdeckte, versteckte 1943 mehrere Monate lang bei sich zu Hause die jüdische Musikerin Andrea Wolffenstein, um sie vor der Deportation zu retten. Straßmann war ein erklärter Gegner des Nazismus: »Trotz meiner Leidenschaft für die Physik ist mir meine Freiheit so wichtig, dass ich bereit wäre, das ganze Leben Steine zu klopfen, um sie zu erhalten«, erklärte er nach seinem Austritt aus der Deutschen Chemischen Gesellschaft, die unter die Kontrolle der nationalsozialistischen Partei gefallen war, was es ihm extrem erschwerte, eine Arbeit zu finden. Für das, was er für Andrea Wolffenstein tat, wird Straßmann heute in der Liste der Gerechten unter den Völkern in Yad Vashem geführt.

Zweite Zutat sind also die Gleichungen. Sicherlich ist die Physik keine einfache Disziplin, doch häufig finden ihre revolutionärsten Ergebnisse einen einfachen und eleganten Ausdruck wie zum Beispiel den folgenden:

$$c = \text{const} \qquad (1)$$

Es ist in der Tat schwierig, sich vorzustellen, dass sich hinter dieser simplen Gleichung ein hübscher Teil der speziellen Relativitätstheorie Einsteins verbirgt, doch genauso ist es. Sehen wir genauer hin.

Wir beginnen mit dem Hauptdarsteller dieser Gleichung: dem Licht. Der Terminus »Licht« ist dabei mit Vorsicht zu genießen, denn er könnte oberflächlich erscheinen. In unserer menschlichen Wahrnehmung bringen wir tatsächlich »Licht« mit dem für unsere Augen Sichtbaren in Verbindung, doch für Physiker hat der Begriff eine weiter gefasste Bedeutung. Das Licht, das wir sehen, ist im Grunde eine elektromagnetische Welle, die sich im Raum ausbreitet. Wie jede andere Welle – die Wellen des Meeres, die Schallwellen, La Ola in einem Stadion – geben auch die elektromagnetischen Wellen Informationen durch die periodische Veränderung einer bestimmten physischen Größe weiter. Im Fall der Schallwellen handelt es sich um den Luftdruck, im Fall der Meereswellen um die lokale Position des Oberflächenwassers, im Fall von La Ola um die Position der Menschen auf den Rängen des Stadions. Im Fall der elektromagnetischen Wellen handelt es sich um das elektromagnetische Feld, eine nicht mit Händen fühlbare, aber sehr konkrete physikalische Größe, die die Physiker benutzen, um einige Eigenschaften des Raums und der Materie zu beschreiben. Jene elektrischen und magnetischen Eigenschaften, die bereits in der Antike bekannt waren. Schon die alten Griechen wussten, dass wenn man ein Stück Bernstein – altgriechisch ἤλεκτρον (*elektron*) – reibt, es danach Strohhalme anzuziehen vermag, und dass bestimmte in der Natur vorkommende Steine (Magnetiten) Eisen anziehen. Vorgänger der modernen Kompasse, die die Wechselwirkung eines magnetischen Materials mit dem Magnetfeld der Erde nutzen, waren in China seit den ersten Jahrhunderten n. u. Z. bekannt.

Erst im 19. Jahrhundert jedoch kam es dann dazu, dass die grundlegenden Gesetzmäßigkeiten des Elektromagnetismus vollständig verstanden und mit einem theoretischen Fundament versehen wurden: dem elektromagnetischen Feld, mit einer elektrischen und einer magnetischen Komponente.

Maxwell verdeutlichte in vier grundlegenden Gleichungen die Beziehungen zwischen elektrischen und magnetischen Feldern und ihrer Quelle, beziehungsweise der elektrischen Ladung und der elektrischen Ströme. Parallel zu seiner theoretischen Erforschung breitete sich der Elektromagnetismus Ende des 19., Anfang des 20. Jahrhunderts auch in praktischen Bereichen aus: Städte wurden mit elektrischem Licht beleuchtet, Distanzen durch die ersten Übertragungen von Telegrafie und Radio überbrückt, in den Fabriken hielten Elektromotoren Einzug.

In diesem gleichzeitig so innovativen und dynamischen, aber fur einen Physiker auch extrem problematischen Kontext begann Einstein seine Arbeit. Einstein hatte, wie alle Physiker, mit der klassischen Mechanik von Galilei und Newton gelernt. Ein Wissenskorpus, der seit über 250 Jahren nicht nur funktionierte, sondern bewundernswerte Erkenntnisse hervorgebracht hatte, wie zum Beispiel die Beschreibung und Vorhersage der

Bewegung der Himmelskörper. Bühne der Newtonschen Mechanik war der dreidimensionale Raum, repräsentiert durch ein Koordinatensystem: drei senkrecht zueinander stehende Achsen mit einem gemeinsamen Ursprung, die es erlauben, jeden Punkt mittels dreier Zahlen exakt zu bezeichnen. Ein Beispiel für ein Koordinatensystem – in diesem Fall ein zweidimensionales – ist das Spiel »Schiffe versenken«, wo jede Position durch einen Buchstaben und eine Zahl gekennzeichnet wird. Jeder kann dabei den Ausgangspunkt, also das Referenzsystem, wählen, das ihm am meisten zusagt. Das tun wir übrigens normalerweise immer dann, wenn wir Entfernungen von dem Ort aus bemessen, an dem wir uns befinden. Ich wohne in Venedig, und wenn ich von Padua spreche, sage ich, es befinde sich 38 Kilometer entfernt, nicht 984 Kilometer von Gießen oder 43 von Rovigo. Im Gegensatz dazu geschehen bei der klassischen Physik Dinge in einer Zeit, die absolut und unveränderlich verstreicht, für alle gleich ist und eine klare Grenzlinie zwischen Vergangenheit und Zukunft bildet.

Raum und Zeit sind klar voneinander getrennt.

Angelpunkt der klassischen Mechanik wiederum ist das Prinzip der Galiläischen Invarianz oder Galiläischen Relativitätstheorie, die vorsieht, dass die Gesetze der Physik stets dieselbe Form behalten in Systemen, die sich mit konstanter Geschwindigkeit aufeinander zubewegen. In anderen Worten: Ob wir zu Hause im Wohnzimmer Billard spielen oder in einem Zug, der mit 300 Stundenkilometern fährt – die Gesetze, die die Bewegung der Kugeln beschreiben, bleiben immer dieselben. Nur anhand ihrer Bewegungen können wir nicht ablesen, ob wir selbst still stehen oder in Bewegung sind. Wenn man von einem Referenzsystem ins andere wechselt, sind die Koordinaten jedes Punktes auf geeignete Weise anzupassen, und dafür gibt uns Galilei präzise Formeln an die Hand: die sogenannten Galilei-Transformationen. Mit physikalischen Experimenten allein gelingt es demnach nicht herauszufinden, ob ein Verkehrsmittel still steht oder sich mit konstanter Geschwindigkeit bewegt. Das formuliert Galilei mit großer Klarheit, indem er ein Gedankenexperiment beschreibt, das sich unter Deck eines Schiffes abspielt, von wo aus man nicht nach draußen schauen kann (und so eben nicht feststellen kann, ob das Schiff sich bewegt, indem man beispielsweise die Küste beobachtet): »Lasst das Schiff mit beliebiger Geschwindigkeit fahren; so werdet ihr (solange die Bewegung kontinuierlich ist und nicht schwankend) nicht die kleinste Veränderung in all den erklärten Effekten bemerken, noch aus einem von ihnen ableiten können, ob das Schiff fährt oder still steht.«

Die klassische Mechanik von Galilei und Newton war sehr elegant und kohärent. Doch nun war da plötzlich die neue Wissenschaft, die vom Elektromagnetismus. Auch sie war, wie die Gleichungen von Maxwell, recht elegant und hatte vielerlei praktische Anwendungsfelder. Das Problem bestand in der Tatsache, dass der Elektromagnetismus nicht mit den Galilei-Transformationen zu vereinbaren ist. Einige grundlegende, die elektrischen und magnetischen Felder betreffende, physikalische Gesetze verändern sich nämlich beim Übergang zwischen zwei räumlichen Referenzsystemen, die sich mit konstanter Geschwindigkeit relativ zueinander bewegen. Das erschien überwältigend, und Einstein selbst räumt in seinem Aufsatz »Über die spezielle und allgemeine Relativitätstheorie« ein: »Damit wurde auch die Frage nach der Gültigkeit des Relativitätsprinzips zu einer wohl diskutierbaren, und es erschien nicht ausgeschlossen, dass die Antwort auf diese Frage verneinend sein könnte.«[3] Seine Lösung des Problems war die spezielle Relativitätstheorie. Einstein ging vom Relativitätsprinzip aus, von dem er nicht nur annahm, es wäre wahr, sondern das er sogar von der Mechanik auf die gesamte Physik ausweitete, inklusive den Elektromagnetismus. Doch dem fügte er ein zweites Postulat hinzu – zusammengefasst in den wenigen

Buchstaben der Gleichung (1) –, nämlich dass das Licht in allen räumlichen Bezugssystemen immer mit derselben Geschwindigkeit *c* reist. Eine Kleinigkeit, scheint es. Doch sie revolutionierte die Physik.

Behelfen wir uns erneut mit einem Beispiel. Nehmen wir an, wir stünden auf der Brücke eines Passagierschiffes, das sich mit einer Geschwindigkeit von 20 Stundenkilometern bewegt, und wir rennen, sagen wir mit einer Geschwindigkeit von zehn Stundenkilometern in dieselbe Richtung, in die das Schiff fährt, Richtung Bug. Dabei wird die Geschwindigkeit von zehn Stundenkilometern natürlich mit einem Referenzsystem gemessen, das sich gemeinsam mit dem Schiff bewegt. Einem Freund, der am Ufer im ruhenden Referenzsystem steht, scheint unser Rennen jedoch mit 30 Stundenkilometern zu erfolgen, da sich für ihn der Geschwindigkeit unserer Beine die Geschwindigkeit des Schiffes hinzurechnet. Mit dem Licht jedoch funktioniert es etwas anders. Wenn man die Geschwindigkeit des Lichts misst, kommt man immer auf einen Wert von 299.792,458 Kilometern pro Sekunde, welches Referenzsystem auch immer dem beobachteten Wert zugrunde liegt.

Dass die Lichtgeschwindigkeit eine universelle Konstante ist und nicht vom jeweiligen Referenzsystem abhängt, hat eine grundlegende Neudefinierung der Konzepte von Raum und Zeit zur Folge. Im Galileischen Relativitätsprinzip bleiben Längen gleich, wenn man von einem Referenzsystem ins andere wechselt. Länge und Breite des Billardtisches sind identisch, ob sie im Wohnzimmer oder im fahrenden Zug gemessen werden, ebenso wie die Länge des fahrenden Schiffes und die des Streckenabschnitts, den wir rennend zurückgelegt haben. Für Galilei gab es unabhängig davon eine absolute Zeit, die überall gleich verging.

Mit Einstein ändert sich dies alles. Um das Invarianzprinzip und die Universalität der Lichtgeschwindigkeit in Einklang zu bringen, modifizierte er die Galilei-Transformation. Einerseits die Längen betreffend: In der speziellen Relativitätstheorie verkürzen sich die Längen innerhalb der bewegten Systeme. Und andererseits die Zeit betreffend: In der Galilei-Transformation ist die Zeit ein vom Referenzsystem und der Position unabhängiger Parameter. Mit Einstein verliert die Zeit diese ihre Sonderstellung als absolute, unabhängige physikalische Größe: Die Zeit vermengt sich mit dem Raum und wird relativ. In sich bewegenden Systemen vergeht die Zeit langsamer, sie dehnt sich gegenüber der Zeit in ruhenden Systemen aus.

All das bemerken wir normalerweise nicht, weil die Veränderungen gegenüber den Galilei-Transformationen – jenen, die unsere Alltagsrealität beschreiben, erst bedeutsam werden, wenn die betrachteten Referenzsysteme sich zueinander mit Geschwindigkeiten bewegen, die der Lichtgeschwindigkeit nahekommen. Eine Geschwindigkeit, die im menschlichen Erleben schwerlich zu erreichen ist, und das ist der Grund, warum die Mechanik Galileis in der Mehrzahl der Fälle so gut funktioniert, aber doch unvollständig ist.

Die Geschwindigkeit des Lichts, oder, technischer ausgedrückt, die der elektromagnetischen Wellen im Vakuum, wird einer der Grundpfeiler, auf den wir unsere heutige wissenschaftliche Kenntnis der Welt stützen. Eine unveränderliche Charakteristik der Natur. Eine universelle Konstante. Die Relativitätstheorie, die auf dieser Konstante basiert, wird von diesem Zeitpunkt an zum Maßstab aller Physik, eine *conditio sine qua non*. Wie Einstein ebenfalls in dem vorher zitierten Aufsatz sagt: »Es ist dies [die Transformation der Raumzeit] eine bestimmte mathematische Bedingung, welche die Relativitätstheorie einem Naturgesetze vorschreibt; dadurch wird sie zu einem wertvollen heuristischen Hilfsmittel beim Aufsuchen der allgemeinen Naturgesetze. Würde ein allgemeines Naturgesetz aufgefunden, welches jener Bedingung nicht entspricht, so wäre mindestens eine der beiden Grundvoraussetzungen der Theorie widerlegt.«[4]

VON DER ERDE ZUM MOND

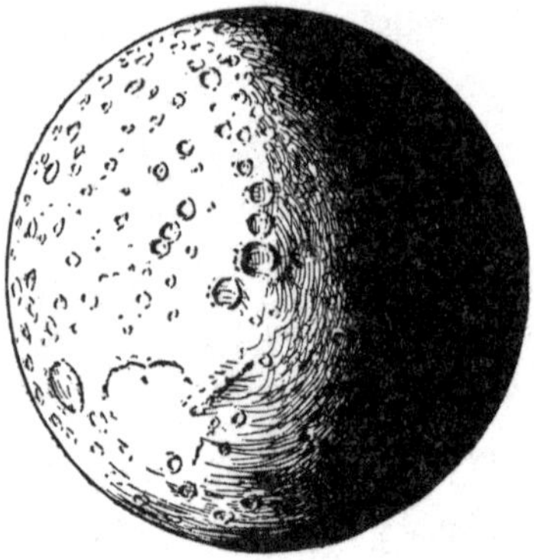

Nach seinem Besuch bei der Lincoln University lebte Einstein nur noch weitere neun Jahre. Er starb 1955, und das Schicksal wollte es, dass er nur knapp die Erfindung eines der seither wichtigsten wissenschaftlichen Instrumente für das Studium des Lichts verpasste: den Laser. Der erste Prototyp wurde 1960 gebaut. Ein Laser produziert einen gebündelten Lichtstrahl, und das abgestrahlte Licht hat eine bestimmte Farbe. Technischer ausgedrückt besitzt die gesamte elektromagnetische Strahlung, aus dem es besteht, dieselbe klar definierte Energie, und das gestattet es, sie mit Präzision zu bestimmen. Selbst wenn das Licht eine Reise bis zum Mond und zurück unternimmt.

Die Einfarbigkeit des Laserlichts (Monochromasie) und die Tatsache, dass die Geschwindigkeit des Lichts nach Einstein als universelle Konstante feststeht, bildeten die Grundlage für den ersten aufsehenerregenden Einsatz eines Lasers: Mit seiner Hilfe wurde die Entfernung zwischen der Erde und ihrem Satelliten, dem Mond, bestimmt. Dieses Unterfangen unternahm 1962 ein italienischer Physiker, Giorgio Fiocco, der damals beim Massachusetts Institute of Technology arbeitete. Im Prinzip schoss Fiocco einfach einen Laserstrahl Richtung Mond und maß das Licht, das von dessen Oberfläche zurückgeworfen wurde. Fiocco und sein Kollege Louis Smullin mussten dazu, mit großer experimenteller Hartnäckigkeit, Bündel von Laserstrahlen suchen, die sich direkt auf der Mondoberfläche spiegelten. Kein einfaches Unterfangen, das da vom 9. bis 11. Mai 1962 unternommen wurde, wenn man die geringe Intensität des gespiegelten Lichts bedenkt. Da die Geschwindigkeit des Lichts wohlbekannt und konstant ist, erhält man, wenn man bemisst, wie viel Zeit es benötigt, zur Erde zurückzukehren, nachdem es sich am Mond gespiegelt hat – fürs Protokoll, es sind etwa 2,5 Sekunden –, mit großer Präzision die Entfernung zwischen Mond und Erde. Eine Entfernung, die im Mittel 384.400 Kilometer beträgt.

Die Messung Fioccos wird bis heute noch regelmäßig angewandt, um die Entfernung zwischen Erde und Mond zu berechnen – inzwischen jedoch nicht mehr so umständlich wie bei Fiocco 1962, sondern mithilfe von Instrumenten, die die Astronauten der Apollo-Missionen auf dem Mond zurückgelassen haben. Es handelt sich um das sogenannte *lunar laser ranging*-Experiment. Wenn man seine Einfachheit einerseits und die Menge an Informationen, die daraus gewonnen werden, andererseits betrachtet, ist es definitiv eines der einträglichsten Experimente der Mission Apollo 11. Der auf den Mond transportierte Gegenstand ist in der Tat ein Spiegel, genauer: ein Retroreflektor. Eine quadratische Fläche von etwa einem halben Meter Seitenlänge, in Richtung Erde ausgerichtet, auf der wie in einem Fahrrad-Katzenauge 100 sogenannte Tripelprismen montiert sind, die Licht exakt in die Richtung zurücksenden, aus der es kommt. Damit dient der Spiegel in gewisser Weise als Zielscheibe.

Von der Erde aus ein Objekt auf dem Mond anzupeilen, das wenig größer ist als ein Pizzakarton, klingt nach Science-Fiction. Doch die Wissenschaftler vom Lick Observatory in Kalifornien waren schon wenige Tage nach der Mondlandung dazu in der Lage – mithilfe eines mächtigen Teleskops. Dennoch war das gar nicht so viel einfacher als das Experiment von Fiocco ohne solche Hilfsmittel. Das Licht muss schließlich immer noch eine Strecke von über 700.000 Kilometern zurücklegen, und der Strahl trifft auf dem Mond mit einem Durchmesser von etwa vier Kilometern auf, wenngleich lediglich das Licht, das den kleinen Spiegel trifft, für die Messung relevant ist. Nicht umsonst schrieb die NASA, den Spiegel auf dem Mond anzupeilen sei in etwa so, wie ein Gewehr zu benutzen, um eine Münze in etwa drei Kilometern Entfernung zu treffen! Mit dem *lunar laser ranging*-Experiment konnte die Entfernung Erde-Mond bis auf den Zentimeter genau bestimmt werden, also mit einer Präzision von eins zu zehn Milliarden. Die Qualität des vom Laser abgestrahlten Lichts erlaubt es, Messungen von zuvor undenkbarer Präzision vorzunehmen, auch – wie wir gerade gesehen haben – in der Längenmessung. Es ist darum gerade der Laser, der 1983 der aktuellsten Neudefinition des Meters zugrunde liegt, der – wahrscheinlich für lange Zeit – letzten, und zugleich auch der ersten derjenigen, die 2018 zur kompletten Neudefinition des internationalen Einheitensystems auf Basis physikalischer Konstanten geführt haben.

»C« WIE UNIVERSELL

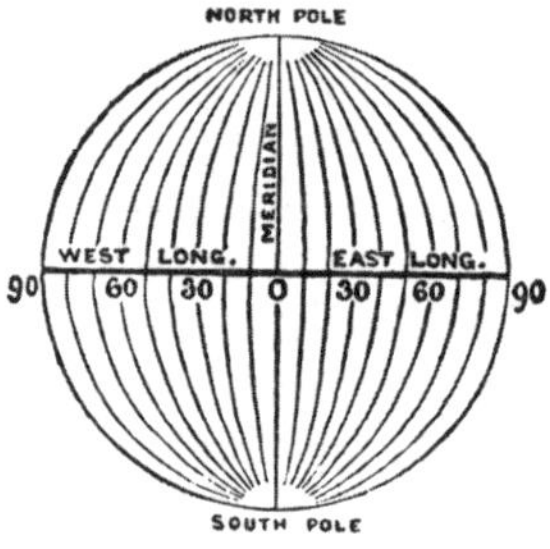

»*c*« – ein einfacher Buchstabe, der eine universelle Eigenschaft der Natur in sich trägt. Eine Eigenschaft aller und für alle, unantastbar und unveränderlich, vollkommen außerhalb jedes unausweichlichen Verfalls menschlicher Dinge. Ist es darum verwunderlich, dass am Ende gerade dieser Buchstabe, der die Lichtgeschwindigkeit symbolisiert, dessen universelle Definition wurde?

Bevor wir zum letzten Akt der 1000-jährigen Geschichte der Längeneinheit kommen, lohnt sich vorher noch ein kleiner Exkurs, um die Ursprünge dieses *c* zu erforschen. Man kann sich in der Tat fragen, warum *c* und nicht *a*, *b* oder jeder beliebige andere Buchstabe. Sowohl Maxwell als auch Einstein, beispielsweise in seinem ersten Artikel 1905, hatten zunächst das *V* verwendet, das (gemäß dem englischen *velocity)* allgemein für physikalische Geschwindigkeiten steht. Andere Physiker benutzten jedoch für die Geschwindigkeit des Lichts das *c*, und es war diese Definition, die sich etablierte, sodass Einstein 1907 selbst dazu überging. Eine eindeutige Antwort auf dieses kuriose Detail gibt es letztlich nicht. Einige meinen, das *c* wäre abgeleitet von »konstant« (Englisch *constant*), bezugnehmend auf die Universalität des Wertes. Wieder andere beziehen sich auf das lateinische Wort *celeritas*, Geschwindigkeit. Trotz vieler Studien konnte diese Ungewissheit bis heute nicht geklärt werden. Aber ein kleiner Hauch von Geheimnis um eine Berühmtheit wie das *c* tut ihm auch keinen Abbruch, im Gegenteil!

Die lange Geschichte des Meters endet, wenigstens für den Augenblick, 1983, als der letzte Akt des Schauspiels beginnt. Auf der Siebzehnten Generalkonferenz für Maß und Gewicht wurde deutlich, dass »die gegenwärtige Definition [des Meters] keine ausreichend präzise Konstruktion eines Zählers für alle Anforderungen gestattet«, und dass »die Fortschritte in der Stabilisierung der Laserstrahlen erlauben, elektromagnetische Strahlung zu erzeugen, die reproduzierbarer und einfacher zu nutzen ist als die Standardstrahlung einer Lampe mit Krypton-86« (die als Grundlage für die Definition von 1960 gedient hatte). Vor allem aber wurde bemerkt, dass »die Fortschritte beim Messen der Frequenz und Wellenlänge dieser Strahlung (der vom Laser erzeugten elektromagnetischen) zu verlässlicher Bestimmung der Lichtgeschwindigkeit geführt haben, deren Akkuratesse im Grunde durch die aktuelle Definition des Meters beschränkt wird«, und dass es »vorteilhaft insbesondere für die Astronomie und die Geodäsie sei, den Wert der Lichtgeschwindigkeit als unveränderlich anzunehmen, wie 1975 von der Fünfzehnten Generalkonferenz empfohlen (c = 299.792,458 Meter pro Sekunde)«.

Anders gesagt bedeutet das, dass die Wissenschaft die Lichtgeschwindigkeit dem der Französischen Revolution entsprungenen Meter vorzieht und sie für verlässlicher hält. Ein weiterer großer Tribut an das Genie Einstein. Die Anforderungen der modernen Wissenschaft und Technologie verlangen ein derart hohes Präzisionsniveau in der Längenmessung, das der auf Grundlage der Kryptonstrahlung definierte Meter nicht mehr gewährleisten kann. Und anstatt neue Definitionen anzustreben, die eine immer präzisere Bestimmung von *c* erlauben, bestimmte man *c* lieber als Fixpunkt. Ein für alle Mal legte man die Lichtgeschwindigkeit auf den damals präzisesten bekannten Wert von 299.792,458 Metern pro Sekunde fest. Aus ihr – über die Definition der Sekunde – ergibt sich seither indirekt der Meter.

Da die Geschwindigkeit mit der Beziehung zwischen der Länge einer Strecke und der benötigten Zeit, sie zurückzulegen, korrespondiert, wird die Länge eines Meters *sic et simpliciter* als Entfernung definiert, die das Licht in einem Sekundenbruchteil zurücklegt, nämlich 1:299.792,458. Die Definition des Meters wird damit eine indirekte, und sie basiert auf der Sekunde, die, wie wir noch sehen werden, dank der Atomuhren mit viel größerer Präzision messbar ist, als es ein Meter selbst je sein könnte.

Damit endete definitiv für den Meter, und bald auch für alle anderen Einheiten, die Ära der Definition auf Grundlage menschlicher Artefakte. Mit dem Meter beginnt die Menschheit ein System zu nutzen, das nicht mehr von physischen Objekten abhängt, sondern gänzlich auf der Lichtgeschwindigkeit und anderen universellen Konstanten der Physik basiert. Diese Konstanten sind fundamental für eine ganze Reihe gut gefestigter wissenschaftlicher Prinzipien und bilden das Rückgrat unserer ständig wachsenden Kenntnis der Naturgesetze.

Es entsteht ein Einheitensystem, das wirklich und endlich für alle Zeiten und alle Menschen gültig ist.

II.
DIE SEKUNDE

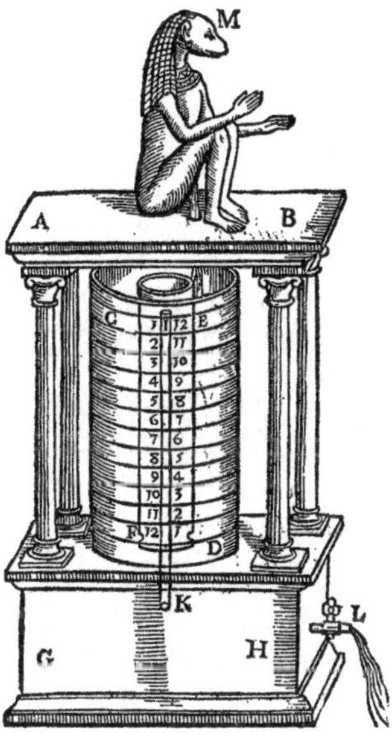

EIN AUGENBLICK DES WAHNSINNS

Einige tun es, weil ein Augenblick des Wahnsinns alle überkommen kann. Die Glücklicheren, während sie schlafen, sodass dieser Wahnsinn ohne Konsequenzen bleibt, doch andere trifft er, während sie wach sind, in einem Laden zum Beispiel. Wieder andere tun es ganz bewusst aus Rache, um ein erlittenes Unrecht zu vergelten. Oder aus Masochismus. Oder sogar aus Grausamkeit. Tatsache ist, dass viele Menschen sie kaufen und dann vielleicht Freunden oder Feinden schenken – eine der gefürchtetsten Dekoartikel, die es gibt: Die berühmte Glaskugel, in der es, wenn man sie schüttelt, schneit. Das Prinzip ist immer dasselbe: Die Kugel ist gefüllt mit einer durchsichtigen Flüssigkeit, und in ihrer Mitte befindet sich ein kleines dreidimensionales Objekt, das ein bestimmtes Motiv zeigt. Oftmals weihnachtlich, aber nicht immer. Es gibt auch welche, die berühmte Sehenswürdigkeiten abbilden, Puppen, Comicfiguren, religiöse Szenen. Diese besondere Schönheit moderner Dekokunst haben wir Erwin Perzy zu verdanken, Hersteller chirurgischer Instrumente aus Wien, der um 1900 sein erstes Exemplar einer Schneekugel herstellte und patentieren ließ. Zwar gab es solche Kugeln auch schon vorher – wohl seit dem Mittelalter –, doch erst Erwin Perzy erkannte ihren Vermarktungswert. Den Mittelpunkt dieser ersten Schneekugel bildete die Reproduktion der Basilika von Mariazell, der Schnee war aus Grieß. In Wien gibt es heute sogar ein Museum, das den Erfinder ehrt und eine Sammlung wertvoller Stücke beherbergt.

Obwohl eine gewisse peinliche Berührtheit dafür sorgen dürfte, dass nur wenige von uns zugeben, zumindest einmal in Versuchung gewesen zu sein, eine Glaskugel mit falschem Schnee darin zu kaufen – und wer es doch zugibt, umhüllt die Peinlichkeit mit einer kulturellen Aura, indem er die berühmte Szene aus dem Film *Citizen Kane* von Orson Welles zitiert, in dem besagtes Objekt eine wichtige Rolle spielt –, ist der Erfolg dieses Souvenirs durch Tatsachen belegt: Einer Analyse zufolge, die vor einigen Jahren von mehreren Zeitungen zitiert wurde, ist es tatsächlich das am häufigsten beschlagnahmte Objekt bei den Sicherheitskontrollen am Londoner City Airport. Viele der Exemplare enthalten tatsächlich eine so große Menge an Flüssigkeit, dass sie jene für das Handgepäck zugelassene übersteigt. Dadurch beenden die betroffenen Kugeln ihre Reise häufig unrühmlich in den Händen eines Sicherheitsbeamten und retten damit höchstwahrscheinlich eine Freundschaft oder Liebesbeziehung, die nun ohne ein solches Souvenir weiterbestehen darf. Auf der Liste des Londoner Flughafens stehen noch weitere, viel banalere Objekte: Kosmetika, Flaschen mit Alkoholika, Tennisschläger, Handschellen (!). Wie es aussieht, ist kein Fall einer beschlagnahmten Atomuhr bekannt.

Joseph Hafele und Richard Keating hatten jedenfalls 1971, wenngleich damals die Flughafenkontrollen weniger streng waren, keine besonderen Schwierigkeiten, eine Atomuhr mit auf einen Linienflug zu nehmen. Ein Objekt, das Bilder aus der

Zeit als ziemlich sperrigen Parallelepiped zeigen, mehr oder weniger vom Ausmaß eines mittelgroßen Kühlschranks, dem es dennoch gelang, zusammen mit seinen beiden Begleitern mehr als eine Reise um die Welt zu unternehmen.

Hafele und Keating waren ein Physiker und ein Astronom, und die Reise der Atomuhr war ein Experiment von größter Wichtigkeit, um mit makroskopischen Uhren die Modifikation der Zeit zu überprüfen, die Einsteins Theorie postuliert, sowohl aufgrund der Bewegung – in der speziellen Relativitätstheorie – als auch aufgrund der Erdanziehung in der allgemeinen Relativitätstheorie. Wie die Zusammenfassung des berühmten Artikels besagt, den sie gleich darauf in der renommierten Zeitschrift *Science* veröffentlichten, war das Experiment ein Erfolg: »Vier Caesium-Atomuhren flogen 1971 an Bord eines kommerziellen Linienflugzeugs zweimal rund um die Erde, zuerst ostwärts, dann westwärts. Sie wiesen in Abhängigkeit zur Flugrichtung Abweichungen der Uhrzeit auf, die mit den Vorhersagen der Relativitätstheorie im Einklang waren. Verglichen mit dem Standard der Atomuhren des United States Naval Observatory verloren die fliegenden Uhren 59 ± 10 Nanosekunden (Milliardstel Sekunden) während ihrer Reise gen Osten und gewannen 273 ± 7 Nanosekunden während ihrer Reise gen Westen, wobei die Fehler mit den erwartbaren Standardabweichungen übereinstimmen. Diese Ergebnisse liefern eine eindeutige empirische Lösung des berühmten Uhrenparadoxons mithilfe makroskopischer Uhren.«

In einem Flugzeug, das mit etwa 900 Stundenkilometern fliegt, verlängert sich ein Tag also um einige Dutzend Nanosekunden. Das mag irrelevant klingen, aber ein Smartphone schafft es durchaus, in dieser kurzen Zeit Dutzende arithmetischer Operationen durchzuführen …

IST ES LEICHTER, PHILOSOPHEN ÜBEREINZUBRINGEN?

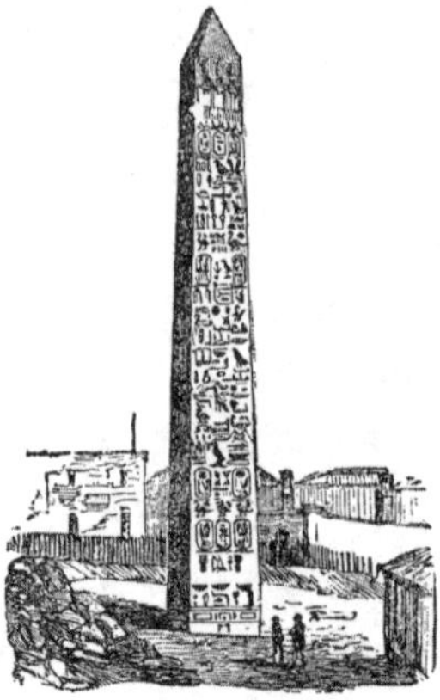

Keine andere physikalische Größe hat über die Grenzen der Wissenschaft hinaus eine solche Erfolgsgeschichte hingelegt wie die Zeit. Und das überrascht nicht, wenn man bedenkt, dass mit der Zeit das Wertvollste assoziiert ist, das wir besitzen: unser Leben. Zeit tröstet uns, ängstigt uns, gibt uns Hoffnung, lehrt uns. Wir leben im gegenwärtigen Augenblick, eingeklemmt zwischen der Erfahrung der Vergangenheit und der Erwartung der Zukunft. Die Zeit durchdringt unsere Existenz, wir versuchen, uns daran zu gewöhnen, aber ohne allzu große Hoffnung, dass es uns gelingt. Die Zeit ist offenbar dermaßen mit unserer menschlichen Erfahrung verwoben, dass man sich kaum vorzustellen vermag, wie schwer es sein kann, sie zu beschreiben. Das bemerkte schon im 4. Jahrhundert Augustinus von Hippo, der auf die Frage »Was ist Zeit?« antwortete: »Wenn mich niemand darüber fragt, so weiß ich es; wenn ich es aber jemandem auf seine Frage erklären möchte, so weiß ich es nicht.« Auf dieses Dilemma versucht der Nobelpreisträger Richard Feynman eine praktische Antwort zu geben, wenn er in seinen Lektionen schreibt: »Was wirklich zählt, ist nicht, wie wir sie definieren, sondern wie wir sie messen.«

Die pragmatische Herangehensweise des amerikanischen Physikers spiegelt gut wider, wie die Menschheit seit Anbeginn der Zivilisation mit der Zeit umgegangen ist. Nicht in der Lage, sie zu verändern, und wahrscheinlich lange bevor sie sich fragten, was sie sei, begannen die Menschen zumindest, die Zeit zu messen. Zu Beginn nutzten sie die zyklischen Naturphänomene: den Wechsel von Tag und Nacht, die Jahreszeiten, die

Mondphasen. Allen Techniken der Zeitmessung liegt irgendein periodisch wiederkehrendes Phänomen zugrunde, etwas, das sich regelmäßig wiederholt. Beispielsweise das Aufeinanderfolgen von Helligkeit und Dunkelheit an einem Tag, oder, wie wir noch sehen werden, das Aufeinanderfolgen von minimaler und maximaler Strahlungsemission eines Atoms.

Die Erfindung des Kalenders reicht bis in die Jungsteinzeit zurück. Einige Forscher meinen gar, die Einkerbungen auf einer Tafel aus Mammut-Elfenbein, die in Frankreich gefunden wurde und beinahe 30.000 Jahre alt ist, seien Aufzeichnungen der Mondphasen eines Jahreslaufes. Zweifellos gibt es viele Objekte in verschiedenen Teilen der Welt, die um den Titel »erster Kalender der Welt« konkurrieren. Einer der ersten Taschenkalender – eine Art Taschenkalender *ante litteram*, der vermutlich in der Landwirtschaft Verwendung fand – ist etwa 10.000 Jahre alt und wurde in den Albaner Bergen in Italien gefunden. Auf einem Stein sind 28 Kerben eingeritzt, die, wie man annimmt, die Tage eines Kalendermonats bezeichnen.

Allen Techniken zur Zeitmessung ist gemeinsam, dass sie die Zeit auf etwas Sichtbares projizieren. Obwohl die Empfindung vom Verstreichen der Zeit, zumindest den Alterungsprozess betreffend, das Gut jedes Einzelnen von uns ist, müssen wir, um die verstreichende Zeit zu messen, sie in etwas mit unseren Sinnen Erfahrbares überführen: in die Bewegung eines Schattens oder eines Zeigers, in den Klang der Glocken, in eine bestimmte Menge Sand in einer Sanduhr, in die Länge einer Kerze oder eines brennenden Räucherstäbchens, in den Duft frisch gebackenen Brots aus einer Backstube.

Wie bei der Längenmessung war auch bei der Messung der Zeit die ägyptische Zivilisation Vorreiter, gemeinsam mit der sumerisch-babylonischen. Auf die Sumerer beispielsweise geht die Erfindung des Sexagesimalsystems zurück, mit dem wir heute die Sekunden einer Minute und die Minuten einer Stunde messen. Eine der vermutlich ältesten Sonnenuhren

– mindestens aus dem 13. Jahrhundert vor Christus – wurde 2013 bei archäologischen Ausgrabungen im Tal der Könige gefunden. Nach einem ähnlichen Prinzip wie die Sonnenuhr funktionierten auch jene Obelisken, deren Schatten das Verstreichen der Zeit während des Tages und den Wechsel der Jahreszeiten maß. Der berühmte Obelisk von Luxor, der heute die Place de la Concorde in Paris ziert, ist über 3.000 Jahre alt. Kurioserweise wurde er um 1830 von Muhammad Ali, Gouverneur der osmanischen Provinz Ägypten, den Franzosen überlassen, im Tausch gegen eine mechanische Uhr. Vermutlich war das kein gutes Geschäft.

Doch das Genie der Ägypter vermochte noch mehr: Obelisken und Sonnenuhren brauchten die Sonne, und die war nicht immer da. Daher entwickelten sie Wasseruhren in Form der heute bekannten Sanduhren oder anderer Gefäße, aus denen durch eine geeichte Öffnung die Flüssigkeit in ein Messgefäß floss. Die Menge des Wassers war proportional zur vergangenen Zeit.

Während heute die Schweiz Qualitätsuhren exportiert, war das früher die Domäne Ägyptens. Der ägyptische Obelisk auf der Piazza Montecitorio in Rom, stummer Zeuge so vieler politischer Geschehnisse Italiens, war tatsächlich ursprünglich der Schattenstab einer Sonnenuhr (Gnomon) des *Horologium Augusti*, eines wunderbaren Meridianinstruments, das Kaiser Augustus in der Nähe des Marsfeldes hatte bauen lassen, und das im Jahr 9 v. u. Z. fertiggestellt worden war.

Sonnenuhren und Wasseruhren waren im alten Rom recht verbreitet, doch es war gerade das Fortschreiten der römischen Zivilisation – und damit die wachsende Notwendigkeit, die Zeit zu messen –, die die mangelnde Präzision der damals verfügbaren Instrumente deutlich machte, sodass Seneca schrieb (die philosophischen Freunde mögen uns verzeihen …): »Horam non possum certam tibi dicere; facilius inter philosophus quam inter horologia convenit« (»Eine genaue Uhrzeit vermag ich nicht zu nennen, es ist leichter, die Philosophen übereinzubringen als die Uhren«). Aulus Gellius legte in seinen *Noctes Atticae* dem Dichter Plautus in den Mund, was heute einer regelrechten anti-wissenschaftlichen Schmährede gleichkäme: »Den Teufel hole, wer die Stunden aufgebracht / Und aufgestellt zuerst hier eine Sonnenuhr, / Die mir zu Leid den Tag zerbröckelt gliederweis! / Als Knaben war der Magen mir die Sonnenuhr, / die richt'ger mir als alle hies'gen ging; / Der rief zu Tisch stets, falls es was zu schmausen gab; / Jetzt, hat man's auch, man isst nicht, eh's die Sonne will. / Seit un're Stadt mit Sonnenuhren angefüllt, / Nagt leer der grösste Theil des Volkes am Hungertuch.«[5]

Der Wunsch nach Präzision brachte nicht viele Lösungen. Im Gegenteil, ab Ende der Römerzeit blieb die Entwicklung der Zeitmessung praktisch bis ins Mittelalter stehen, als der Zusammenschluss zu neuen Gemeinschaften die Notwendigkeit der Zeitmessung wiederaufleben ließ. Die mechanischen Uhren wurden zu identitäts- und gemeinschaftsstiftenden Instrumenten, angebracht an den Stadttürmen. Zu den bekanntesten zählt der Torre dell'Orologio (Uhrenturm) am Markusplatz in Venedig, 1493 in Auftrag gegeben. Für eine echte Revolution der Zeitmessung jedoch brauchte es die moderne Physik.

ERKENNTNIS DURCH ZWEIFEL

Angesichts des einen, der halb nackt aus der Wanne steigt und »Heureka!« ruft, des anderen, der einen Apfel an den Kopf bekommt, des Nächsten, der in der Kathedrale von Pisa fasziniert den hin und her schwingenden Kronleuchter betrachtet, und des chronologisch betrachtet Letzten, der dem Fotografen die

Zunge herausstreckt, kann man legitime Zweifel hegen, ob überhaupt irgendein Teil der Physik ohne solch eigenwillige Persönlichkeiten auskommt und all die Entdeckungen vielleicht die Frucht plötzlicher Geistesblitze sind. Eine leider weiter verbreitete Ansicht, als man denkt, die einer Wissenschaft nicht gerecht wird, deren größte Momente Ergebnis einer glücklichen Kombination aus Studium, Disziplin, Zweifel und mit Sicherheit einer Portion Improvisation sind. Wobei sich Letztere jedoch – wie beim Jazz – erst auf Grundlage einer äußerst soliden Technik entwickeln kann. Unter anderem deshalb kann man die Wissenschaft als demokratisch ansehen, denn in der wissenschaftlichen Methode gilt tatsächlich einer so viel wie der andere, solange beide die Mühe des Studiums auf sich genommen haben. Studium und Bildung sind die fundamentalen Zutaten der Wissenschaft, wie für das Brot das Mehl. Es gibt keine Abkürzungen. Es ist das Studium – solange alle dazu Zugang haben –, das die Wissenschaft demokratisch macht.

Nachdem dies gesagt ist, bleibt dennoch die Tatsache, dass Anekdoten ein starkes narratives Instrument sind, wie auch im Fall einer wegweisenden Entdeckung für die moderne Entwicklung der Zeitmessung: dem Isochronismus kleiner Schwingungen.

Wir befinden uns am Ende des 16. Jahrhunderts, Galileo Galilei ist Dozent in Pisa und begründet die Basis der wissenschaftlichen Methodik: »Die Methode, die wir anwenden werden, ist die, das was gesagt wird, in Abhängigkeit zu sehen zu dem, was gesagt wurde, ohne je als wahr anzunehmen, was erklärt werden soll.« Eine Anekdote besagt, dass Galilei in dieser Zeit, als er den Dom von Pisa besuchte, von den rhythmischen Schwingungen eines Kronleuchters angezogen wurde. Indem er ihn aufmerksam beobachtete und die Dauer der einzelnen Schwingungen maß, indem er die Schläge seines eigenen Herzens zählte – eine weitere Form der Zeitmessung mithilfe eines sich wiederholenden Phänomens –, verstand Galilei, dass sie alle dieselbe Dauer hatten, unabhängig von ihrem Ausschlag, selbst wenn er relativ gering war. Dieses Phänomen ist heute bekannt als der Isochronismus des Pendels. Die Legende besagt, dass der Kronleuchter, der damals Objekt der Galileischen Betrachtungen war, noch heute im Dom von Pisa zu sehen ist. Mit großer Wahrscheinlichkeit trifft das nicht zu, da die Beobachtungen Galileis auf eine Zeit vor der Konstruktion des Kronleuchters datiert werden, der heute im Hauptschiff hängt – ein Werk Vincenzo Possentis.

Doch Legende beiseite, der Isochronismus kleiner Schwingungen ist eine fundamentale Eigenschaft für die Zeitmessung. Galilei ahnte, dass man durch das Messen der Anzahl der Schwingungen – genau das, was heute die Pendeluhr tut – ein viel präziseres Maß der Zeit erhält, als es das damals Vorherrschende konnte. Gegen Ende seines Lebens entwarf er die erste Pendeluhr. Sein Sohn Vincenzo versuchte sich recht erfolglos an einem ersten Prototyp, doch es ist der holländische Wissenschaftler Christiaan Huygens, der heute als ihr Erfinder gilt, weil er es war, der 1656 den ersten funktionierenden Prototyp entwarf.

Die Anwendungsbereiche der Schwingungsphänomene breiteten sich auf verschiedenen Gebieten aus. Gegen Ende des 17. Jahrhunderts betrat beispielsweise der erste Vorläufer des Metronoms die Bühne: das Chronometer von Étienne Loulié, einem französischen Musiker, der es erfand und ihm seinen Namen gab. Bis dahin nutzte man in der Musik den Pulsschlag, um den Rhythmus zu halten, aber die Resultate waren natürlich sehr subjektiv. Das Chronometer Loulićs dagegen basierte auf dem Isochronismus kleiner Schwingungen. Es funktionierte mit einem Pendel von verstellbarer Länge, also variabler Periode, nach dem der Musiker sich richtete. Loulié schreibt: »Das Chronometer ist ein Instrument, mit dem fortan die Komponisten exakt das Tempo ihrer Stücke vorgeben können. Ihre

Musik kann auf diese Weise exakt so ausgeführt werden, wie sie es vorsehen, auch in ihrer Abwesenheit.«

Vom Chronometer Louliés führte die Technologie zum Prototyp des Geräts, das heute als Metronom bekannt ist und in der Musik auf Grundlage einer bestimmten Anzahl von Schlägen pro Minute den Rhythmus angibt. Der deutsche Erfinder Johann Nepomuk Mälzel war zwar der Erste, der sein Metronom 1815 patentieren ließ, aber es folgte ein erbitterter Disput mit dem deutsch-niederländischen Erfinder Dietrich Nikolaus Winkel, der das Erstgeburtsrecht des Projekts für sich beanspruchte.

Das Metronom begann sich unter Musikern zu verbreiten. Bis dahin wurde das Tempo, also die Schnelligkeit, mit der ein Musikstück gespielt wurde, nicht quantitativ in der Partitur vermerkt, sondern mittels qualitativer Attribute wie *Adagio, Andante, Allegro vivace* usw., und jede Ausführung unterlag einem gewissen Grad an Willkür und den Erfahrungen des Ausführenden, auch im Bereich des musikalischen Kontextes, in dem die Komposition verfasst worden war.

Die Erfindung des Metronoms erlaubte es, die Definition des musikalischen Tempos zu objektivieren. Unter seinen ersten Anwendern findet sich Ludwig van Beethoven, der ein begeisterter Befürworter des Metronoms war, so sehr, dass er den Erfolg seiner 9. Sinfonie auch diesem Instrument zugutehielt. In der Neunten notierte Beethoven das Tempo mithilfe eines der ersten Exemplare des Metronoms, das leider 1921 bei einer dem Komponisten gewidmeten Ausstellung in Wien abhandenkam. Nachträglich ergänzte er die Tempoangaben auch in seinen acht zuvor komponierten Sinfonien und in weiteren Werken. Doch über seine Notierungen herrscht bis heute Uneinigkeit, weil viele Musiker meinen, die von ihm notierten Tempi seien zu schnell oder sogar unstimmig. Berühmt beispielsweise ist die Sonate Op. 106, »Hammerklavier«, die mit einer beinahe unspielbaren Indikation von

138 Schlägen pro Minute beginnt. Über dieses Thema haben Musikwissenschaftler und Interpreten lange debattiert und sich schließlich in zwei Lager gespalten: diejenigen, die beschlossen, Beethovens Angaben zu ignorieren, und andere Hinweise zu nutzen, um das richtige Spieltempo zu ermitteln, und diejenigen, die für eine wortgetreue Ausführung der von dem Komponisten vorgegebenen Tempi stehen. Erstere zogen besonders die Authentizität wie auch die objektive Gültigkeit der Annotationen in Zweifel, wobei sie mit möglichen Transkriptionsfehlern oder Störungen des Metronoms argumentierten.

Einen interessanten und einzigartigen Beitrag zu dem Disput leisteten die Physikerin Almudena Martín-Castro und der Big-Data-Experte Iñaki Úcar von der Universidad Carlos III in Madrid. In einem 2020 in der Zeitschrift *Plos One* veröffentlichten Artikel analysierten sie mit für die *data science* typischen Techniken die Signale von 36 verschiedenen Interpretationen der 9. Sinfonie und stellten dabei fest, dass der Mittelwert der von den Interpreten gewählten Tempi eine systematische Abweichung von den Angaben Beethovens aufweist. Mithilfe eines mathematischen Modells des Metronoms, das Beethoven benutzte, schlossen die beiden Forscher, dass wahrscheinlich der berühmte Komponist oder sein Assistent das Instrument falsch lasen. Vielleicht aufgrund zu geringer Erfahrung mit einem Gegenstand, der für die Zeit etwas vollkommen Neues war, der noch nicht für den Gebrauch optimiert war und für den der kulturelle Kontext fehlte, um die richtige Verwendung zu unterstützen. Doch trotz der mathematischen Schlussfolgerungen bleibt die Tatsache, dass weiterhin einige mutige Dirigenten Beethoven getreu der von ihm vorgegebenen Tempi interpretieren.

MUSIK UND ATOME

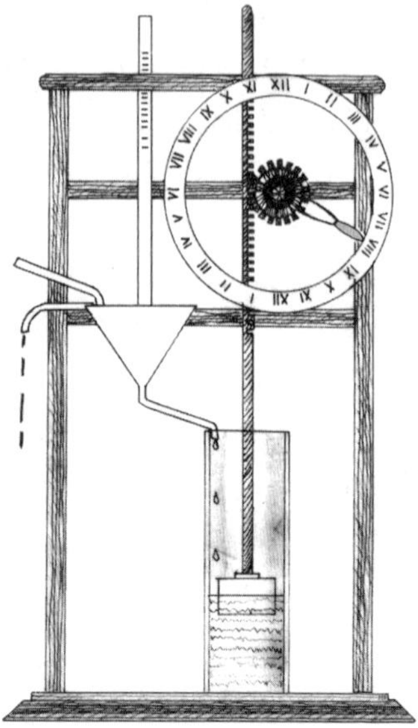

»Ohne die Musik, die sie bereichert, ist die Zeit nichts weiter als eine Reihe von Fristen und Zahlterminen.«

Dies sagte ein weiterer recht berühmter Musiker, Jimi Hendrix.

In vielerlei Hinsicht hat er recht, doch muss man sagen, dass der Fortschritt des 14. Jahrhunderts in der Zeitmessung nach der langen technologischen Nacht, die auf den Fall des Römischen Reiches folgte – als die Messungen noch hauptsächlich Sonnenuhren und Wasseruhren oblagen –, zum Teil der Notwendigkeit entspringt, das Gemeinschaftsleben und wirtschaftliche Aktivitäten zu organisieren. Die mechanischen Uhren in den Türmen von Städten und Dörfern beginnen sich im 14. Jahrhundert in Italien zu verbreiten. Und dank der Beobachtungen Galileis und der späteren praktischen Umsetzung von Huygens tat das Pendel einen gewaltigen Qualitätssprung in der Präzision der Zeitmessung: Waren die vorangegangenen mechanischen Uhren bis auf 15 Minuten Abweichung pro Tag exakt, stieg die Präzision der Pendeluhren auf 15 Sekunden bis zum Ende des 17. Jahrhunderts.

Ein weiterer Sprung nach vorne bezüglich der Präzision der Zeitmessung geschah dank John Harrison, von Beruf Tischler und Uhrmacher aus Leidenschaft. Er entwickelte zwischen 1750 und 1760 eine Uhr von geringerer Größe, die eine Präzision bis auf drei Sekunden Abweichung pro Tag erreichte und die in der Schifffahrt zum unverzichtbaren Instrument zur

Messung des Längengrads wurde, ein ernst zu nehmendes Problem für die Seefahrt dieser Zeit. Die Technik wurde bis zu Beginn des 20. Jahrhunderts immer weiter verbessert, unter anderem durch William Shortt, einen Ingenieur aus England, der 1921 eine elektromechanische Pendeluhr konstruierte, die zur Referenz für die Präzision der Zeitmessung wurde – mit einer Abweichung von etwa einer Sekunde pro Jahr.

Wie häufig in der Wissenschaftsgeschichte sprießen gerade auf dem Höhepunkt einer technischen Innovation die ersten Triebe derjenigen hervor, die sie ersetzen würde. So auch bei den Uhren. Während die Uhr von Shortt zum Standard der Zeitmessung erhoben wurde, bauten W. A. Marrison und J. W. Horton in den Bell Laboratories die erste Quarzuhr. Auch sie basierte wie die Pendeluhr auf Phänomenen, die sich regelmäßig wiederholen, und deren Dauer deshalb als Einheit zur Zeitmessung verwendet werden kann.

Quarzuhren nutzen die Tatsache, dass Quarz selbst ein piezoelektrisches Material ist, das wie eine Stimmgabel geformt werden kann. Das bedeutet, der Kristall verformt sich elastisch, wenn eine elektrische Spannung hindurchfließt, und zwar in einem sehr regelmäßigen Rhythmus. Wenn er verformt wird, erzeugt er wiederum selbst ein elektrisches Feld. In den üblichen Quarz-Armbanduhren, die man für wenige Euro kaufen kann, vibriert der Kristall im Inneren 32.768 Mal pro Sekunde, und das erlaubt eine Präzision bis auf etwa 15 Sekunden Abweichung pro Monat. Die Quarzuhren für die offizielle Zeitmessung jedoch waren wesentlich präziser als eine Armbanduhr. Sie waren ausreichend isoliert, um der Erdanziehung, Geräuschen und mechanischen Effekten wie äußeren Vibrationen nicht ausgesetzt zu sein, was sie viel robuster machte als eine Pendeluhr. Sie erreichten eine Präzision bis auf drei Sekunden Abweichung pro Jahr, etwas weniger präzise also als eine Shortt-Uhr, doch ihre Verlässlichkeit und der geringere Aufwand für die Instandhaltung ließ sie schließlich im Gebrauch als Standardzeitmesser triumphieren und die Quarzuhr blieb bis in die 1960er-Jahre hinein Standard für die Zeitmessung in den Vereinigten Staaten.

1960 wurde die Sekunde noch so verstanden, wie es seit Jahrhunderten der Fall gewesen war: als Bruchteil eines Erdentages, also der Zeitspanne, die unser Planet für eine vollständige Drehung um sich selbst braucht. Um genau zu sein, entsprach die Sekunde dem 86.400. Teil eines Erdentages (1/86.400). Mit dem Verstreichen weiterer Zeit bemerkte man jedoch, dass diese Definition unpräzise war und nicht mit dem Fortschritt der Wissenschaft und Technologie Schritt halten konnte. Kleine Variationen in der Schnelligkeit der Erdumdrehung ließen diesen Standard unbefriedigend werden. 1960 verabschiedete die Generalkonferenz für Maß und Gewicht eine neue Definition der Sekunde, basierend auf der jährlichen Umrundung der Sonne durch die Erde. Diese Definition war viel akkurater als die vorhergehende, aber auch unpraktisch. Die Sekunde war nun definiert als 1/31.556.925,9747 eines tropischen Jahres, also der Zeitspanne zwischen der Sommersonnenwende von 1900 und der darauffolgenden. Wieder einmal eilte die Wissenschaft jedoch voran, als man glaubte, einen Fixpunkt erreicht zu haben, und stellte alle Gewissheiten erneut zur Diskussion, indem eine Jahrzehnte zuvor von James Clerk Maxwell lancierte visionäre Idee zur praktischen Umsetzung kam.

1879 schrieb der Vater des Elektromagnetismus seinem Kollegen William Thomson und legte dar, dass die Vibrationsperiode eines Quarzkristalls einen präziseren Referenzwert darstellen würde als die Rotationsdauer der Erde, was sich, wie wir gesehen haben, in den ersten Jahrzehnten des 20. Jahrhunderts bewahrheitete. Doch Maxwells Vorstellungskraft ging noch weiter, und er fuhr fort, dass die Messung der Vibrationen des Quarzes immer noch von einem Stück Materie abhinge und also vergänglich sei. Noch viel besser sei es, sich auf eine unveränderliche natürliche Schwingung zu stützen, wie die der Eigenschaft eines Atoms.

Die Idee Maxwells und Thomsons begann Anfang der 1940er-Jahre zur Realität zu werden, mit der Entwicklung der ersten Atomuhren. Wieder einmal basierend auf Schwingungsphänomenen, also Ereignissen, die durch ihre periodische Wiederholung mit immer gleicher Dauer gezählt werden können und so eine Zeitmessung erlauben. Nur dass das Ereignis diesmal, anders als zuvor, nicht an ein Manufakt wie ein Pendel oder ein Stück Quarz gebunden war, sondern auf einer Eigenschaft des fundamentalen Bestandteils von Materie beruhte: des Atoms.

Im Kapitel über den Meter haben wir gesehen, dass eines der vier Postulate, die der fundamentalen Atomtheorie Niels Bohrs zugrunde liegen, besagt, dass ein Atom klar definierte elektromagnetische Strahlung abgibt, wenn das Elektron, das anfänglich auf einer festen Umlaufbahn kreist, plötzlich auf eine andere feste Umlaufbahn mit geringerer Energie wechselt. Die Frequenz der abgegebenen Strahlung entspricht der Differenz der beiden Energien geteilt durch die Planck-Konstante. Um ein Elektron dagegen von einer festen Umlaufbahn auf eine andere mit höherer Energie springen zu lassen, muss man ihm ein Quantum Energie zuführen, das exakt der Energiedifferenz der beiden Bahnen entspricht. Durch den Übergang seiner Elektronen kann also jedes Atom elektromagnetische Strahlung abgeben, in begrenzter Menge und mit einer bestimmten Energie, oder eben Frequenz. Wie wir gesehen haben, bildet die Menge an Energiedifferenzen eines Atoms sein Spektrum, und jedes Element des Periodensystems hat sein ureigenes, das sich von denen der anderen unterscheidet. Darüber hinaus ist der Wert einer jeden Energie von der Natur bestimmt und vollkommen unabhängig von jeder menschlichen Handlung.

Die modernen Atomuhren nutzen einen der Übergänge im Caesiumatom, insbesondere den, der gebündelte Energie mit einer Frequenz von 9.192.631.770 Schwingungen pro Sekunde abgibt. Ein konstanter, unveränderlicher und universeller Wert, auf dem die moderne Definition der Sekunde fußt. Dazu wird die vom Caesium abgegebene Strahlung gemessen und in ein Zeitintervall überführt: 1967 wird die Sekunde bei der Dreizehnten Generalkonferenz für Maß und Gewicht als Zeitspanne definiert, die 9.192.631.770 vom Caesiumatom abgegebenen Schwingungen bei einem bestimmten Übergang zwischen zwei Energieniveaus seiner Elektronen entspricht. Genau gesagt, wählte man einen Übergang zwischen zwei sogenannten Hyperfeinstrukturniveaus des Grundzustands des Caesium-Isotops 133Cs, also eines ganz bestimmten Typs von Caesiumatomen mit festgelegter Anzahl von Neutronen im Atomkern. Die Frequenz dieses Übergangs wurde nach der neuen Definition des internationalen Systems 2018 bei der Sechsundzwanzigsten Generalkonferenz für Maß und Gewicht festgesetzt und mit dem Symbol ΔCs bezeichnet.

1949 wurde in den Labors des amerikanischen National Bureau of Standards (heute National Institute of Standards and Technology, NIST) die erste Atomuhr gebaut. Heute ist die vom NIST verwendete Atomuhr, die die offizielle Uhrzeit der Vereinigten Staaten vorgibt, von einer solchen Präzision, dass sie höchstens eine Sekunde vor- oder nachgehen könnte. Innerhalb von 300 Millionen Jahren.

Jetzt gibt es definitiv keine Ausreden mehr für Verspätungen.

FÜR ALLE, FÜR JEDEN

Betrachtet man die Entwicklung von einer Abweichung um mehrere Dutzend Minuten am Tag hin zu einer Sekunde in 300 Millionen Jahren, so besteht kein Zweifel, dass in jenen sieben Jahrhunderten der Weg für die Zeitmessung geebnet wurde. Und doch ist es paradoxerweise so, dass, je mehr die Menschheit versucht, die Zeit mit immer akkurateren Mitteln zu regulieren und zu kontrollieren, sich das Konzept der Zeit selbst desto mehr entzieht, sodass die theoretische Physik noch heute über die Bedeutung der Zeit grübelt.

Nicht nur bei der Zeitmessung, sondern auch bei der Definition der Zeit hat im 17. Jahrhundert ein enormer Paradigmenwandel stattgefunden, nachdem die wissenschaftliche und philosophische Diskussion rund ums Thema Zeit über ein Jahrtausend lang praktisch stillgestanden hatte (wir erinnern uns an die zuvor letzte Revolution durch Augustinus, im 4. bis 5. Jahrhundert n. u. Z.). Als Kopernikus seine ersten Schriften veröffentlichte und die wissenschaftliche Revolution ihre ersten Schritte tat, war die Vorstellung von der Zeit noch immer die aristotelische. Eine Zeit, die nur vergeht, wenn etwas geschieht.

Wisst ihr, wie bei einem Basketballspiel die Zeit gemessen wird? Die Zeit läuft nur dann, wenn Spiel, wenn Bewegung stattfindet. Wird das Spiel wegen eines Fouls oder eines Balls im Aus angehalten, steht auch das Chronometer still. Der Vergleich ist wahrscheinlich unzulässig, aber für Aristoteles ist die Zeit etwas Ähnliches, etwas, das nur vergeht, wenn Ereignisse geschehen, wenn es Bewegung gibt. Sie ist also nicht absolut, wie auch die effektiv gespielte Zeit jedes Basketball-Matches variabel ist. Dies war über ein Jahrtausend lang die vorherrschende Doktrin der Zeit, und die mittelalterliche Kultur war davon durchdrungen. Wir können uns also vorstellen, welchen Umbruch die von der wissenschaftlichen Revolution proklamierte absolute Zeit mit sich brachte, besonders durch Galileo Galilei und später Isaac Newton. Mit Galilei und Newton bekommt die Zeit einen universellen Wert, der für alle gleich ist, überall. Sie wird zu einem absoluten Parameter, der als Indikator für natürliche Systeme, für die Entwicklung physikalischer

Prozesse dient. Damit bietet sich die Möglichkeit, eine universelle Uhr zu bauen, mit der jede andere Uhr synchronisiert wird. Denn Zeit existiert unabhängig von ihrer Wahrnehmung.

Der Revolution des Zeitbewusstseins liegen die Prinzipien der Galilei-Invarianz zugrunde, auch Galilei-Relativität genannt, die besagen, dass die Gesetze der Physik in Systemen, die sich in konstanter Geschwindigkeit aufeinander zubewegen, stets dieselbe Form haben. Oder anders gesagt: dass es unmöglich ist, mit physikalischen Experimenten herauszufinden, ob ein Verkehrsmittel stillsteht oder sich mit konstanter Geschwindigkeit bewegt.

Die Galileische Relativitätstheorie und später die Arbeit Isaac Newtons, der die klassische Mechanik kodifiziert, haben jahrhundertelang einen enormen und universellen Einfluss. Mit ihrer Hilfe wird die Bewegung der Himmelskörper beschrieben, die der Teile eines Motors, es können Flugzeuge gebaut werden.

Die Galilei-Transformation besagt noch etwas anderes: nämlich, dass die Zeit in beiden Referenzsystemen dieselbe bleibt. Die Zeit ist absolut. Newton dachte an einen leeren, unendlichen Raum, in dem die Zeit vergeht, auch wenn alles leer ist und nichts geschieht: »Die absolute, wahre und mathematische Zeit verfließt an sich und vermöge ihrer Natur gleichförmig und ohne Beziehung auf irgendeinen äußeren Gegenstand. Sie wird so auch mit dem Namen: Dauer belegt.«[6] Wenn wir bei dem Beispiel Sport bleiben wollen, ist die Zeit Newtons der eines Fußballspiels ähnlich: 90 Minuten, die weiterlaufen, auch wenn das Spiel ruht. Es gibt eine klare Linie, für alle, aber wirklich für alle gleichermaßen, die die Gegenwart von der Vergangenheit trennt. Mein Jetzt ist das Jetzt aller. Wenn ich dieses Buch fallen lasse, kann ich exakt messen, wie lange es dauert, bis es auf dem Boden aufschlägt. Und dieses Zeitintervall wird das gleiche für alle sein, egal, wo sie sich befinden.

DIE ZEIT VERFLÜSSIGEN

Es heißt, in einem Interview mit dem bereits in die Jahre gekommenen Picasso fragte einmal ein Journalist den Meister, ob er eine seiner Skizzen bekommen könne als Erinnerung an ihr Gespräch. Picasso nahm den Bleistift und einen Zeichenblock zur Hand und machte eine Zeichnung. Der Journalist fragte ihn: »Ist Ihnen klar, dass Sie diese Skizze in wenigen Sekunden gezeichnet haben und ich sie jetzt für Tausende Pfund verkaufen könnte?« Picasso antwortete: »Es hat nicht acht Sekunden gedauert, diese Skizze zu fertigen, sondern achtzig Jahre!«

Michelangelo brauchte vier Jahre, um die Fresken der Sixtinischen Kapelle zu malen, doch andere berühmte Werke entstanden deutlich schneller. Salvador Dalí selbst erzählte, dass sein berühmtes Bild »Die Beständigkeit der Erinnerung« in nur zwei Stunden entstand, der Zeit, die seine Frau Gala im Kino verbrachte, um einen Film zu sehen, während er wegen starker Kopfschmerzen zu Hause blieb.

Dieses Bild von 1931 zeigt eine Küstenlandschaft an der Costa Brava, in der geschmolzene, beinahe verflüssigte Uhren hängen. Ein Nachdenken über die Zeit, die jene aseptische, von den Uhren skandierte ist, aber ebenso menschliche Erfahrung. Mit dem Schmelzen der Uhren ist die Zeit nicht länger objektiv, nein, sie wird flexibel, subjektiv, persönlich. Relativ. Es ist nicht verwunderlich, dass viele Kritiker von einem starken Einfluss der Relativitätstheorie Einsteins auf Dalí ausgehen, die in jenen Jahren in aller Munde und über die Grenzen der Akademie hinaus Gesprächsthema und Protagonistin der kulturellen Debatte geworden war. Man bedenke, dass nur zwei Jahre zuvor, im Jahr 1929, in einem Artikel in der *New York Times* Einstein der Satz zugeschrieben worden war: »Wenn man zwei Stunden mit einem netten Mädchen zusammensitzt, kommt es einem vor wie eine Minute, aber wenn man eine Minute lang auf einem heißen Ofen sitzt, kommt es einem vor wie zwei Stunden. Das ist Relativität.«

Wir wissen nicht, ob Einstein wirklich dieses Beispiel gebracht hat (was natürlich auch mit umgekehrten Rollen gültig bliebe oder bei zwei Protagonisten desselben Geschlechts). Sicher ist jedoch, dass er mit seiner Relativitätstheorie das Konzept der Zeit revolutionierte, indem er ihre Absolutheit negiert. Die Zeit ist kein absolutes Konzept mehr, sie vergeht auf verschiedene Weise in Systemen, die sich mit unterschiedlicher Geschwindigkeit bewegen; sogar zwei Ereignisse, die für einen stillstehenden Beobachter simultan stattfinden, können es für einen sich bewegenden Beobachter schon nicht mehr tun. Eine weitere Revolution der Zeit, weniger als drei Jahrhunderte nach der Galileis.

Bis zum Ende des 18. Jahrhunderts basierte die Mechanik tatsächlich auf den Prinzipien der Galileischen Relativität und dem Konzept einer absoluten Zeit. Doch genau zu der Zeit entwickelte sich der Elektromagnetismus, jene Wissenschaft, die elektrische und magnetische Phänomene beschreibt, welche immer mehr die Gesellschaft durchdrangen, ebenso wie die Wirtschaft und das Alltagsleben. Man denke nur an die Revolution des elektrischen Lichts, die ersten transatlantischen Sendungen, die ersten Elektromotoren. 1892 geht zwischen Tivoli und Rom die erste nicht experimentelle elektrische Stromleitung der Welt in Betrieb. Der Elektromagnetismus funktionierte also in der Praxis, und wie. Es war demnach ein ganz schönes Problem, als die Physiker bemerkten, dass die Gleichungen, die ihn beschrieben, die Maxwell-Gesetze, nicht mit der Galileischen Relativität übereinstimmten. Die Maxwell-Gleichungen bleiben nicht gleich bei einer Galilei-Transformation. Die elektrischen und magnetischen Phänomene in einem sich bewegenden Fahrzeug müssten sich von denen in einem stehenden unterscheiden. Ein echtes Problem!

Ein Problem, das sich aus einer präzisen Tatsache ergibt. Erinnert ihr euch an Superman? Er fliegt angeblich mit einer Geschwindigkeit, die schneller als das Licht ist. Nun, wie wir in den Kapiteln zuvor gesehen haben, gibt es das nur im Märchen.

DIE RELATIVE GEGENWART

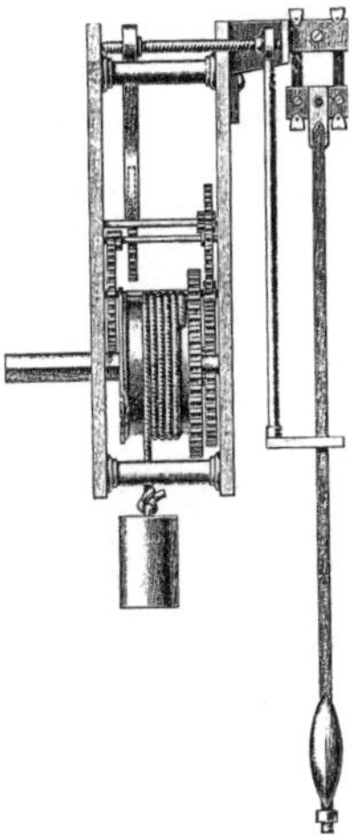

»Aber hören Sie, wofür sind denn diese Experimente gut, die Sie machen?« Der Legende nach hat der britische Schatzkanzler einmal Michael Faraday genau diese Frage gestellt. Eine heikle Frage, wenn man bedenkt, dass Faraday um die Mitte des 19. Jahrhunderts als Wissenschaftler im Dienste Ihrer Majestät stand und darum natürlich die Meinung des Finanzministers zu seiner Arbeit nicht ganz unwichtig war. Faraday verlor jedoch nicht den Mut: »Genau weiß ich das nicht«, antwortete er, »aber eines Tages werdet Ihr dafür eine Steuer erheben.« Und er hatte recht. Das, woran er arbeitete, war tatsächlich das Experiment, das die Möglichkeit zeigen sollte, Bewegungsenergie in elektrische Energie zu verwandeln, mithilfe der Bewegung eines elektrischen Leiters in einem magnetischen Feld. Im Grunde der Prototyp der modernen Generatoren für elektrische Energie. Wenn man sich Faradays Energierechnung vornimmt, kann man ihm wohl keine mangelnde Voraussicht unterstellen.

Es waren die Jahre, in denen viel Bewegung rund um den Elektromagnetismus herrschte, der auf der einen Seite immer mehr praktische Anwendung fand und auf der anderen Seite auf theoretischer Ebene umfassend durch die Maxwell-Gleichungen beschrieben wurde, deren Entwicklung auch Faraday viel zu verdanken hat. Die Maxwell-Gleichungen, die das Verhalten des elektrischen und magnetischen Feldes beschreiben, haben eine präzise Auswirkung. Nehmen wir eine Lichtquelle, beispielsweise eine Glühbirne. Das Licht, das sie abstrahlt, bewegt sich mit konstanter Geschwindigkeit, 299.792,458 Meter pro Sekunde, unabhängig von der Geschwindigkeit der Quelle, die es abgestrahlt hat. In anderen Worten, egal, wie schnell wir fahren, das Licht ist immer um genau denselben Wert schneller als wir: 299.792,458 Meter pro Sekunde. Das Licht bewegt sich immer mit derselben Geschwindigkeit, in jedem Referenzsystem.

Und das stellte ein ernstes Problem für die Galileische Invarianz dar. Einstein gebührt der Dank für seine Lösung. Er geht von zwei festen Annahmen aus:

1) Alle physikalischen Gesetze bleiben in allen Systemen gleich, die sich zueinander mit konstanter Geschwindigkeit bewegen. Anders gesagt, mithilfe eines physikalischen Gesetzes kann man nicht feststellen, ob ein System sich gleichförmig, also mit absoluter Geschwindigkeit, bewegt.

2) Die Lichtgeschwindigkeit ist in allen sich bewegenden Referenzsystemen gleich.

Um beide Bedingungen zu erfüllen, modifizierte Einstein die Galilei-Transformationen zwischen zwei sich zueinander mit der Geschwindigkeit v bewegenden Referenzsystemen wie folgt:

$$
\begin{aligned}
x' &= \frac{x - vt}{\sqrt{1 - \frac{v^2}{c^2}}} \\
y' &= y \\
z' &= z \\
t' &= \frac{\left(t - \frac{vx}{c^2}\right)}{\sqrt{1 - \frac{v^2}{c^2}}}
\end{aligned}
\qquad (1)
$$

Vielleicht ein wenig kompliziert, aber Achtung, diese Gleichungen sind revolutionär!

In den Galilei-Transformationen ist die Zeit unabhängig vom Referenzsystem und seiner Position. Die Zeit vergeht gleich für alle Systeme. Mit Einstein verliert die Zeit diese ihre Sonderstellung als absolute Größe, ihre Eigenschaft *super partes*: Die Zeit t vermengt sich mit dem Raum (beschrieben mit den räumlichen Koordinaten x, y und z), wird relativ. Die Zeit ist nicht länger eine absolute, unabhängige Größe. Die Relativitätstheorie sagt uns, dass die Zeit langsamer vergeht in sich bewegenden Systemen, dass sie sich gleichsam dehnt. Während auf einer Uhr in einem hypothetischen, beinahe mit Lichtgeschwindigkeit fahrenden Zug eine Sekunde vergeht, zeigt die Uhr eines im Bahnhof stehenden Beobachters eine Zeitspanne von über einer Sekunde an. Um ein Beispiel zu geben: Wenn der Zug mit 270.000 Stundenkilometern fährt, das heißt mit neun Zehnteln der Lichtgeschwindigkeit, sind, wenn für den stillstehenden Beobachter zehn Minuten vergangen sind, für den Menschen im Zug nur wenig mehr als vier Minuten vergangen. Wenn ihr also jung bleiben wollt, sucht euch einen Zug, der mit annähernder Lichtgeschwindigkeit fährt!

Mit Einsteins Relativitätstheorie gerät auch das Konzept der Gleichzeitigkeit in die Krise, das den Galilei-Transformationen innewohnte. Das Konzept von »jetzt«, »in diesem Augenblick« hat keine universelle Bedeutung mehr. Während für das allgemeine, prä-relativistische Verständnis das Konzept von »jetzt« als gegeben angesehen wird und der Ausdruck »in diesem Moment« eine präzise Bedeutung hat, die an jedem Ort des Universums gilt, kann die Simultaneität zweier Ereignisse in einem Referenzsystem möglicherweise in einem anderen System nicht mehr existieren. Zwei Ereignisse, die simultan an verschiedenen Orten stattfinden, also durch einen stillstehenden Beobachter im selben Augenblick registriert werden, sind nicht mehr simultan, wenn sie von einem sich im Verhältnis zur Station bewegenden System aus gesehen werden, beispielsweise dem Zug.

Es ist also nicht mehr möglich, von »jetzt« zu sprechen. Nehmen wir genau diesen Augenblick, in dem ihr diese Zeile lest. Vorher, mit der Newtonschen Relativität, gab es eine präzise Trennlinie, die sich auf das gesamte Universum ausdehnte, zwischen der Vergangenheit und der Zukunft gegenüber meinem »jetzt«, meinem »gegenwärtigen Moment«, dem präzisen Augenblick, in dem ihr dieses Wort gelesen habt. Eine absolute Grenze.

Mit Einstein ändert sich all das.

DER SCHATTEN DER RAUMZEIT

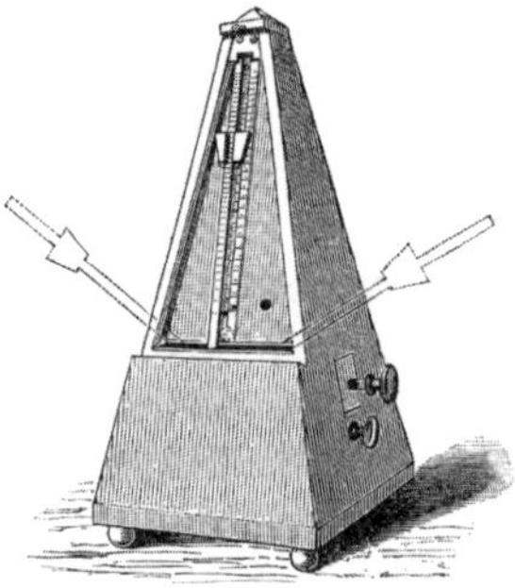

Nehmen wir an, ein Astronaut ist zu einer ambitionierten Raumfahrtmission aufgebrochen und auf Proxima Centauri gelandet, einem der Sterne, die der Erde am nächsten sind. Er liegt etwa vier Lichtjahre von der Erde entfernt, circa 40.000 Milliarden Kilometer. Das bedeutet, das Licht benötigt vier Jahre, um von Proxima Centauri zur Erde zu reisen. Und das ist also auch die Zeit, die ein Signal mindestens braucht, um von diesem Stern zu uns zu reisen.

Sofort nach dem Ausstieg geht der Astronaut in den sozialen Netzwerken live – ja, auch er hat Freunde, vor denen er angeben möchte – und sendet ein (für ihn) Live-Video, um uns zu erzählen, wie es ihm geht. Seine Bilder jedoch erreichen uns erst vier Jahre, nachdem er sie gesendet hat. Sein gesamter Bericht wird um vier Jahre verspätet eintreffen.

»So, jetzt könnt ihr sehen, wie sich ein Bewohner von Proxima Centauri nähert«, sagt uns der Astronaut auf dem Video, als er einen Indigenen filmt. Doch sein »jetzt« hat eine ganz andere Bedeutung als unseres.

Unser »heute«, das uns mit der Videoaufnahme erreicht, bezieht sich auf einen Zeitpunkt vier Jahre zuvor auf dem Stern. Es existiert keine Gegenwart, kein universelles »jetzt«, das die Vergangenheit von der Zukunft trennt. Wir haben keine Vorstellung, was in diesem Augenblick auf Proxima Centauri vor sich geht. Wir können nicht wissen, ob der Indigene dem Astronauten einen Kaffee angeboten hat oder ob er ihn weniger freundlich in Treibstoff für sein Raumschiff verwandelt hat. Das werden wir erst in vier Jahren erfahren. Und wenn ihr dieses Buch bei Tage lest, werdet ihr nicht wissen, ob in genau diesem Augenblick unser Privatstern überhaupt noch leuchtet. Die Sonne selbst könnte erloschen sein, und wir würden es erst acht Minuten später bemerken, so lange benötigt ihr Licht, um zur Erde zu gelangen.

»Jetzt« ist nichts, was physisch beobachtbar wäre, denn im Fall von Proxima Centauri brauchen wir vier Jahre, um es zu messen. Auf diesem Stern sind bereits eine Menge Ereignisse geschehen – die zweifellos unserer Vergangenheit angehören –, die länger zurückliegen als vier Jahre, und andere, die Teil unserer Zukunft sein werden – die in frühestens vier Jahren geschehen werden, doch es gibt auch einen undefinierten Zeitraum von acht Jahren, der weder unserer Vergangenheit noch unserer Zukunft angehört. Acht Jahre voller Ereignisse, die wir zur Hälfte nicht kennen und zur Hälfte nicht beeinflussen können. Wenn unsere Supercomputer vorhersehen würden, dass es in sechs Jahren auf Proxima Centauri regnet, könnten wir eine Nachricht an den Astronauten schicken und die Zukunft beeinflussen (so kauft er sich einen Regenschirm und wird nicht nass). Aber wenn wir sehen, dass es in drei Jahren regnen wird, gibt es nichts, was wir tun können, um ihn zu warnen.

Die Vergangenheit ist jene Gesamtheit von Ereignissen, die dem Beobachter Lichtsignale senden und ihn somit beeinflussen kann, die Zukunft die Gesamtheit von Ereignissen, denen der Beobachter selbst Lichtsignale senden kann, und die darum prinzipiell durch ihn beeinflussbar ist. Und dann gibt es ein weiteres Bündel von Ereignissen in der Raumzeit, die wir jetzt nicht von dort aus beeinflussen können, wo wir uns befinden, und die uns jetzt und hier auch nicht beeinflussen können, weil nichts schneller reisen kann als das Licht. Dieses neue Bündel von Ereignissen ist eine Art ausgedehnte Gegenwart, weder Vergangenheit noch Zukunft, eine Folge der Einsteinschen Relativität. Die Dauer dieser ausgedehnten Gegenwart hängt von der jeweiligen Position ab: Es sind 17 Minuten im Fall der Sonne, acht Jahre im Fall von Proxima Centauri. Während vor Einstein Raum und Zeit deutlich voneinander geschiedene Entitäten waren, durchdringen sie sich jetzt, müssen unvermeidlich zusammen betrachtet werden und werden zur Raumzeit.

Das ist nicht einfach zu akzeptieren, so sehr ist die Vorstellung einer absoluten Zeit in unserer alltäglichen Erfahrung verwurzelt.

Wie Hermann Minkowski, Mathematiker und Einsteins Professor in Zürich, sagte: »Von nun an sind der Raum an sich und die Zeit an sich dazu verdammt, sich in nichts weiter aufzulösen als Schatten, und nur eine Art Vereinigung der beiden wird eine unabhängige Wirklichkeit behalten, die Raumzeit.«

DIE RELATIVITÄT DES ALLTAGS

$$E=mc^2$$

Weiterhin wird die Zeit auch durch die Masse der sich in der Nähe befindenden Objekte beeinflusst. Das ist das Ergebnis der allgemeinen Relativitätstheorie, der Erweiterung und Vervollständigung der speziellen.

Mit der allgemeinen Relativitätstheorie verbindet Einstein sein Relativitätsprinzip mit dem universellen Gravitationsgesetz Newtons, einem weiteren grundlegenden Gesetz der Physik, das beschreibt, wie zwei Massen durch eine Anziehungskraft miteinander interagieren. Die Raumzeit erweitert sich um die Gravitationskraft, jene Kraft, die die Bewegung der Planeten aus der Entfernung kontrolliert.

Die Raumzeit ist nicht länger etwas Leeres, Starres, sondern wird zu einer flexiblen Größe, einer Art Netz, dessen Maschen mit den Linien übereinstimmen, entlang derer die Gravitationskraft wirkt. Ein Netz, das sich in der Nähe von Objekten mit Masse krümmt, umso mehr, je größer die Masse ist, wie eine Matratze, die eine Kuhle bildet, umso tiefer, je schwerer die Person ist, die sich daraufsetzt. Die massiven Objekte krümmen den Raum, und es ist diese Krümmung, die andere Körper zu ihnen hinzieht. Die Erde dreht sich um die Sonne dank ihrer Geschwindigkeit, so wie ein Rennfahrer, der ein Rennen auf der Rennbahn fährt – kennt ihr diese schrägen Pisten, die man im Fernsehen bei den Olympischen Spielen sieht? – und oben am Rand bleibt, solange er sich bewegt. Wenn er aufhört zu treten, sinkt er unvermeidlich nach unten auf die Piste, wie eine dieser Münzen, die man in manchen Museen in so einen Trichter werfen kann. Würde die Erde verlangsamen, würde sie unvermeidlich mit der Sonne kollidieren. Mithilfe der allgemeinen Relativitätstheorie verstehen wir Schwarze Löcher. Objekte mit extrem großer Masse, die alles, was sie umgibt, zu sich hinziehen und nicht mehr hinauslassen, auch nicht das Licht.

Die allgemeine Relativitätstheorie leistet ihren Beitrag, unsere Vorstellung von der Zeit weiter zu modifizieren. Die Zeit wird tatsächlich nicht nur durch Bewegung, sondern auch durch die Gravitationskraft, die Gegenwart von Masse beeinflusst. Die Zeit büßt ein weiteres Element ihrer »Absolutheit« ein – wenn nach der speziellen Relativitätstheorie überhaupt noch etwas davon übrig war – und vergeht jetzt in unterschiedlichem Tempo, abhängig von den Massen, die in der Nähe sind.

Die Zeit vergeht langsamer in der Nähe einer Masse, und auf der Erde vergeht sie darum schneller in der Höhe – weiter entfernt von der Erde – als auf dem Erdboden. Man könnte sagen, große Menschen altern schneller. Im menschlichen Maßstab reden wir von minimalen, aber dennoch messbaren Effekten, wie das Experiment von Hafele und Keating zeigt, von dem wir am Anfang dieses Kapitels sprachen. 2018 wurde von den Wissenschaftlern des Turiner Istituto Nazionale di Ricerca Metrologica sogar eine tragbare Atomuhr in ein Labor im Mont-Cenis-Massiv gebracht, die zeigte, dass die Zeit dort schneller verging als im Institut in Turin, auf einer Höhe von weniger als tausend Metern.

Eine der interessantesten experimentellen Beweise der allgemeinen Relativitätstheorie ist die kürzlich erfolgte Messung der Gravitationswellen, ganz leichte Kräuselungen in der Raumzeit – entstanden durch Veränderungen der Massenverteilung im Kosmos, wie durch die Kollision zweier schwarzer Löcher – die sich ausbreiten wie die Wellen des Meeres. Doch die Modifikation der Zeit, wie sie die Relativitätstheorie beschreibt, hat noch viel praktischere Konsequenzen, die wir selbst in der Tasche tragen. Inzwischen haben alle unsere Handys ein eingebautes GPS. Und wenn das GPS-System die der Relativität geschuldeten Korrekturen hinsichtlich des Verstreichens der Zeit außer Acht ließe, würde es sich bei der Berechnung des Standortes um Kilometer vertun.

Ein GPS-Satellit kreist in etwa 20.000 Kilometern Entfernung zur Erdoberfläche, und er bewegt sich mit einer Geschwindigkeit von etwa 14.000 Kilometern pro Stunde im Bezug zur Erde. Wenn wir Berechnungen anstellen, merken wir, dass allein die Auswirkung der speziellen Relativitätstheorie die Uhren der GPS-Satelliten um etwa sieben Mikrosekunden pro Tag nachgehen lässt. Wir sprechen natürlich über wenige Millionstel Sekunden, doch wenn die GPS-Uhr sie nicht einrechnen würde, und wenn man bedenkt, dass die elektromagnetischen Wellen, mit denen die Satelliten ihre Signale zu unseren Empfängern schicken, etwa dreißig Zentimeter pro Nanosekunde zurücklegen, entsprächen sieben Mikrosekunden einer Abweichung von zwei Kilometern! Und wenn wir zusätzlich den Effekt der Gravitation bedenken, würde sich die Abweichung in der Positionsmessung, da zwischen unseren Empfängern und den Satelliten 20.000 Kilometer liegen, auf ganze 18 Kilometer erhöhen! Kurz, wenn es Einstein nicht gegeben hätte, hätten wir dieses wunderschöne Landhotel inmitten der Berge nie gefunden.

III.

DAS KILOGRAMM

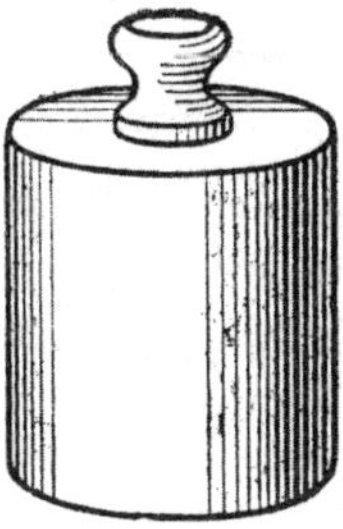

BRIEFE

Lieber Edoardo! Mein Führer!

Es ist schwer vorstellbar, dass zwei kurze Briefe, die mit diesen Worten beginnen, einer per Hand verfasst an einen Freund, der andere maschinengeschrieben und an Adolf Hitler versendet, etwas gemeinsam haben könnten. Doch tatsächlich gibt es einiges, was die beiden Schriftstücke miteinander verbindet. Zunächst liegen die Daten, an denen sie verfasst wurden, nur wenige Wochen auseinander: der erste am 15. August 1944, der zweite am 25. Oktober. Die Sorge um das Schicksal geliebter Menschen – einen Schwiegervater und einen Sohn – und die Leidenschaft für die eigene Arbeit, die aus den Zeilen spricht, das Drama einer von schrecklichen Diktaturen beherrschten Zeit, dem Faschismus und dem Nazismus, die beide Lieben vernichten würden. Doch vor allem die Tatsache, dass die Autoren dieser beiden Briefe zu den berühmtesten Physikern aller Zeiten zählten, Enrico Fermi und Max Planck.

Der Sommer 1944 war eine Zeit der Veränderung für Enrico Fermi. Der Brief wurde in Chicago datiert, doch der italienische Physiker befand sich inmitten eines Umzugs nach Los Alamos, New Mexico. 1938 hatte er, als Opfer der Rassengesetze – seine Frau Laura war Jüdin –, anlässlich seiner Nobelpreisverleihung Italien verlassen. Er fuhr nach Stockholm, um den Preis entgegenzunehmen, und von da, nach einem kurzen Besuch bei Niels Bohr in Kopenhagen, ging er an Bord eines Schiffes in die Vereinigten Staaten. Seine amerikanische Phase begann an der Columbia University, New York, von wo aus er später an die Universität von Chicago wechselte. Dort baute er die erste Atombatterie und erzeugte die erste Kernspaltung als Kettenreaktion – ein Experiment, das die Türen zur Nutzung der Kernenergie aufstieß. Just 1944 wird er von Robert Oppenheimer nach Los Alamos gerufen, um beim Manhattan-Projekt mitzuwirken, das die ersten amerikanischen Atombomben bauen sollte, die dann über Hiroshima und Nagasaki fielen.

Empfänger des Briefes ist Edoardo Amaldi, eines der jüngsten Mitglieder der Physiker-Gruppe um Enrico Fermi, die sich bis zum Kriegsausbruch regelmäßig in der Via Panisperna in Rom im Institut für Physik getroffen und zusammen geforscht hatten. Wenige Wochen vor Abschicken des Briefes war Rom befreit worden. Am 4. Juni waren die amerikanischen Truppen unter dem Kommando von Mark Wayne Clark in die Stadt gekommen, und Fermi nutzte die wiederhergestellten Kommunikationswege mit der Hauptstadt, um seinem Freund und Kollegen zu schreiben: »Lieber Edoardo, ich habe kürzlich bei seiner Rückkehr aus Italien mit Fubini über dich gesprochen. Jetzt, da die Postwege nach Rom offiziell wiedereröffnet sind, hoffe ich, dass dieser Brief gute Chancen hat, dich zu erreichen.« Gleich danach schreibt er von Augusto, dem Vater seiner Ehefrau Laura Capon: »Wie du dir vorstellen kannst, hat Lalla sehr unter der Nachricht von ihrem Vater gelitten; die Unsicherheit über sein Schicksal ist viel schlimmer, als ihn tot zu wissen.« Ihr jüdischer Vater Augusto Capon war ein berühmter Admiral der Marine, bis 1938 sogar Chef ihres Geheimdienstes und ein

Freund von Mussolini. Doch das genügte nicht, ihn zu retten, als am 16. Oktober 1943 italienische und deutsche Soldaten die Stadt auf der Jagd nach Juden durchkämmten. An diesem Tag schrieb er in sein Tagebuch: »Es geschehen in Rom unglaubliche Dinge: Heute früh haben Gruppen von Faschisten, wie es heißt, zusammen mit einigen deutschen Soldaten die Juden jedes Alters und Geschlechts geholt und wer weiß wohin gebracht. Die Tatsache ist unstrittig, aber nicht die Modalitäten.« Eine Woche später starb Capon in Auschwitz.

Aus Fermis Brief spricht darüber hinaus die Leidenschaft für das Schicksal der Physik in seinem Heimatland. Nach dunklen Jahren – und der Zerschlagung der italienischen Forschung – deutet Fermi vorsichtigen Optimismus an: »Es hat mich sehr gefreut zu hören, dass du und Wick glaubt, die wissenschaftliche Arbeit bald wieder aufnehmen zu können, und dass ihr mit einem gewissen Optimismus in die Zukunft schaut. Die Situation von dieser Seite des Atlantiks aus betrachtend, habe ich manchmal die Hoffnung, dass der Wiederaufbau Italiens vielleicht weniger schwer werden könnte als der in anderen Ländern Europas. Der Faschismus ist unbestreitbar auf derart unrühmliche Weise gefallen, dass ihm sicher niemand eine Träne nachweint.«

An den Verantwortlichen für den Krieg und die Auslöschung der Juden – Adolf Hitler – hingegen wendet sich Max Planck, hervorragender deutscher Physiker, der 1918 den Nobelpreis bekam und als einer der Väter der Quantenmechanik gilt. Er tut es, um Gnade für seinen Sohn Erwin zu erbitten.

Hitler war ihm bereits 1933 persönlich begegnet, kurz nach seiner Machtergreifung, als der 75-jährige Planck die wohl angesehenste wissenschaftliche Persönlichkeit Deutschlands war und Vorsitzender der Kaiser-Wilhelm-Gesellschaft zur Förderung der Wissenschaften, die an der Spitze der deutschen Forschung stand. In diesem Gewand bat er um eine höfliche Audienz bei dem neuen Kanzler, der wenige Monate zuvor ins

Amt gekommen war. Eigentlich hatte Planck nur das Ziel gehabt, sich vorzustellen, doch er – der anders als andere Kollegen niemals Deutschland verlassen hätte, der seinem Land treu blieb, obwohl er den verrückten nazistischen Irrsinn nicht unterstützte – nutzte die Gelegenheit, den Führer um Gnade für die jüdischen Wissenschaftler zu bitten, die just in diesen Monaten die ersten Auswirkungen der Rassengesetze zu spüren bekamen und allmählich aus ihren Ämtern gedrängt wurden. Unter ihnen sein Freund Fritz Haber, der 1918 den Nobelpreis für Chemie bekam, und der sich auch – sagen wir – ›hervorgetan‹ hatte als Erfinder chemischer Waffen im Ersten Weltkrieg. Sei es aus Überzeugung, sei es aus mangelndem Mut oder aus Realismus: Planck drückte Hitler gegenüber zwar nicht seine Ablehnung der Rassengesetze aus – wahrscheinlich wäre er sonst nicht nach Hause zurückgekehrt. Aber er versuchte stattdessen ihn davon zu überzeugen, dass Deutschland sich damit selbst schaden würde, wenn es sich der Professionalität so vieler jüdischer Intellektueller beraubte. Er erinnerte daran, wie ohne den patriotischen (und schrecklichen) Beitrag Habers Deutschland wahrscheinlich schon nach den ersten Schlachten des Weltkriegs besiegt gewesen wäre, und dass viele angesehene deutsche Wissenschaftler Juden waren.

Hitler ließ nicht mit sich reden. »Ich habe nichts gegen die Juden an sich. Aber die Juden sind alle Kommunisten, und die sind meine Feinde. Gegen sie kämpfe ich«, antwortete er Planck und bügelte ihn – so wird berichtet – mit einem trockenen »Das wird wohl heißen, dass wir für ein paar Jahre auf die Wissenschaft verzichten müssen« ab. Wenn man bedenkt, wie viele und welch hervorragende Wissenschaftler, die vor dem Nazifaschismus flohen, später zur Entwicklung der Atombombe beitrugen, war dies sicher kein folgenloser Verzicht. Die Unterhaltung wurde schnell zu einem immer lebhafteren und zornigeren Monolog, angesichts dessen Planck nichts anderes übrigblieb als zu schweigen.

Als Planck zum zweiten Mal versuchte, den Führer zu kontaktieren, diesmal auf schriftlichem Weg, sind elf Jahre seit jener Begegnung vergangen. Hitler hatte die Welt in den Krieg gestürzt, und das Blatt schien sich inzwischen gegen Nazideutschland zu wenden. Planck war alt und gezeichnet vom Leben. Sein wissenschaftlicher Erfolg war von ständigen familiären Dramen begleitet gewesen. 1909 hatte er seine erste Frau verloren, sein Erstgeborener Karl war im Ersten Weltkrieg in der Schlacht von Verdun gefallen, seine Zwillinge Emma und Greta waren 1917 und 1919 jung gestorben. 1944 wurde seine Berliner Wohnung durch die Bombardierungen zerstört. Sein zweitgeborener Sohn, Erwin, war 1914 in Gefangenschaft gekommen, doch es war ihm gelungen, nach Hause zurückzukehren; nach dem Krieg bekleidete er wieder Regierungsämter, bis er sogar Staatssekretär wurde unter den Reichskanzlern von Papen und von Schleicher. Als Letzterer 1933 zurücktrat und Hitler an die Macht kam, schied Erwin aus dem Amt und ging in die Wirtschaft, erhielt sich jedoch ein reges Interesse an der Politik und eine immer kritischere Einstellung gegenüber Hitler. Gegen Ende des Jahres 1943 schloss er sich der Widerstandsgruppe an, die die Operation Walküre plante, einen Staatsstreich, bei dem Hitler gestürzt und ein Friedensvertrag mit den Alliierten geschlossen werden sollte. Kopf der Operation war der Wehrmachtsoffizier Claus Schenk Graf von Stauffenberg. Der Plan war, den Führer mit einer Bombe in seinem Hauptquartier zu ermorden, der sogenannten Wolfsschanze in Rastenburg (heute Kętrzyn, Polen). Am 20. Juli 1944 wurde der Sprengkörper in einen Aktenkoffer gelegt, den von Stauffenberg bei einem Treffen mit dem Führungsstab unter dem Tisch des Versammlungsraums deponierte, ganz in Hitlers Nähe. Durch eine Verkettung von Zufällen – nur einer der beiden Zünder funktionierte, und einer der Generäle verschob kurz vor der Explosion unwissentlich den Koffer mit dem Fuß – ging die Bombe zwar in die Luft und verursachte beträchtlichen Schaden, doch verwundete sie Hitler nur leicht. Innerhalb kurzer Zeit wurden die Verschwörer und weitere Tausende von Menschen verhaftet. Unter ihnen Erwin Planck, der von der Gestapo abgeführt und bald darauf zum Tode verurteilt wurde. Der über 80-jährige Vater versuchte unter Einsatz seiner Kontakte und seines Ruhms als großer Wissenschaftler verzweifelt, seinen Sohn vor dem Galgen zu retten. Am 25. Oktober schrieb er an Hitler:

»Mein Führer! Ich bin zutiefst erschüttert durch die Nachricht, dass mein Sohn Erwin vom Volksgerichtshof zum Tode verurteilt worden ist. Die mir wiederholt von Ihnen, mein Führer, in ehrenvollster Weise zum Ausdruck gebrachte Anerkennung meiner Leistungen im Dienste unseres Vaterlandes berechtigt mich zu dem Vertrauen, dass Sie der Bitte des im siebenundachtzigsten Lebensjahr Stehenden Gehör schenken werden. Als Dank des deutschen Volkes für meine Lebensarbeit, die ein unvergänglicher geistiger Besitz Deutschlands geworden ist, erbitte ich das Leben meines Sohnes. Max Planck«[7]

Auch hier, wie im Falle des Briefes von Fermi, sticht die Leidenschaft für die Physik heraus. Planck erinnert stolz an seinen Beitrag, der immer mehr zum Erbe nicht nur seines Volkes, sondern der ganzen Menschheit werden würde. Er, der Nobelpreisträger, der seinem Land bis zum Ende treu geblieben war, ersucht um Gnade. Ein Akt der Verzweiflung, und vielleicht erinnert sich Planck beim Schreiben an das elf Jahre zurückliegende Treffen und weiß wohl, dass Hitler, so wie er damals kein Mitleid mit den jüdischen Wissenschaftlern kannte, auch jetzt keines für seine Familie aufbringen würde. Konnte die Wissenschaft zumindest etwas am nazistischen Delirium kratzen?

Erwin wurde am 23. Januar 1945 gehängt. Vier Tage später befreite die Rote Armee das Konzentrationslager Auschwitz, und die Welt erfuhr von dem ganzen Grauen der Shoah.

TALENTE UND DIE SAMEN DES JOHANNISBROTBAUMS

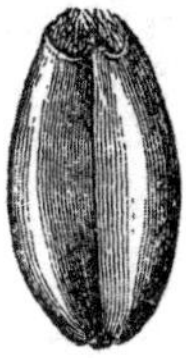

Einst erzählte Jesus seinen Jüngern dieses Gleichnis: »Es ist wie mit einem Mann, der auf Reisen ging: Er rief seine Diener und vertraute ihnen sein Vermögen an. Dem einen gab er fünf Talente Silbergeld, einem anderen zwei, wieder einem anderen eines, jedem nach seinen Fähigkeiten. Dann reiste er ab. Der mit den fünf Talenten ging sofort los, machte Geschäfte damit und verdiente fünf Talente dazu. Und der mit den zwei Talenten verdiente zwei dazu. Doch der mit dem einen Talent ging weg, grub ein Loch in die Erde und versteckte das Geld seines Herrn. Nach langer Zeit kehrte der Herr zurück, um von den Dienern Rechenschaft zu verlangen. Da kam der, der die fünf Talente erhalten hatte, brachte fünf weitere und sagte: Herr, fünf Talente hast du mir gegeben; sieh her, ich habe noch fünf dazugewonnen. Sein Herr sagte zu ihm: Sehr gut, du bist ein tüchtiger und treuer Diener. Du bist im Kleinen ein treuer Verwalter gewesen, ich will dir eine große Aufgabe übertragen. Komm, nimm teil an der Freude deines Herrn! [...] Zuletzt kam auch der Diener, der das eine Talent erhalten hatte, und sagte: Herr, ich wusste, dass du ein strenger Mann bist; du erntest, wo du nicht gesät hast, und sammelst, wo du nicht ausgestreut hast; weil ich Angst hatte, habe ich dein Geld in der Erde versteckt. Hier hast du es wieder. Sein Herr antwortete ihm: Du bist ein schlechter und fauler Diener! Du hast doch gewusst, dass ich ernte, wo ich nicht gesät habe, und sammle, wo ich nicht ausgestreut habe. Hattest du mein Geld wenigstens auf die Bank gebracht, dann hätte ich es bei meiner Rückkehr mit Zinsen zurückerhalten. Darum nehmt ihm das Talent weg und gebt es dem, der die zehn Talente hat! Denn wer hat, dem wird gegeben, und er wird im Überfluss haben; wer aber nicht hat, dem wird auch noch weggenommen, was er hat.«

Die Parabel der Talente aus dem Matthäusevangelium ist wahrscheinlich eine der bekanntesten Stellen aus dem Neuen Testament. Die Talente, die der Herr seinen Dienern gab, entsprechen den Gaben, die Gott den Menschen schenkte, und wer sie fruchtbar werden lässt, wird dafür belohnt. Im Hinblick auf die Bibelstelle interpretieren wir das Substantiv »Talent« heute typischerweise im bildlichen Sinne, doch es ist interessant zu wissen, dass das vom Evangelisten Matthäus beschriebene Talent in Wirklichkeit etwas sehr ... Solides ist. Das Talent ist nämlich tatsächlich eine Maßeinheit des Gewichts, die im damaligen Mesopotamien existierte. Im antiken Griechenland entsprach ein Talent 26 Kilogramm, entsprechend dem Gewicht des Wassers, das eine bestimmte Amphore füllte. Es konnte aber ebenso das Gewicht eines Edelmetalls angeben: Das Talent aus dem Gleichnis bestand wahrscheinlich aus Silber und war, wie es heißt, im antiken Griechenland ausreichend, um den Monatslohn einer kompletten Besatzung einer Trireme zu bezahlen, einem Kriegsschiff mit 200 Ruderern.

Wie mit dem Maß von Länge und Zeit hatte die Menschheit auch mit dem Maß des Gewichts von Körpern seit Anbeginn der Zivilisation zu tun. Um genau zu sein, sollten wir eher noch als von Gewicht von Masse sprechen. Denn das ist die tatsächlich im internationalen System verwendete fundamentale physikalische Größe. Im allgemeinen Sprachgebrauch werden die beiden Begriffe »Gewicht« und »Masse« häufig verwechselt, aber nur, weil wir auf der Erdoberfläche leben und die Masse auf herkömmlichen Waagen mittels der Erdanziehungskraft (der Gewichtskraft) gemessen wird, die unser Planet auf jedes Objekt ausübt und die uns fest auf ihm verankert hält. Wie Newton verstanden hatte – und wie wir genauer im folgenden Kapitel sehen werden –, ist die Gewichtskraft, die auf der Erdoberfläche auf einen Körper einwirkt, direkt proportional zu seiner Masse. Eine Kraft zu messen ist relativ einfach, vor allem, wenn es auf komparative Weise geschieht wie bei einer Waage mit zwei Schalen – wie jene, die man aus Gerichtssälen kennt und die seit 1951 die von der italienischen Münzprägeanstalt geprägte Ein-Lire-Münze zierte, oder jene Balkenwaage, die Obstverkäufer nutzen. In beiden Fällen vergleicht man die Masse des zu messenden Objekts mit einem Massen-Prototyp, üblicherweise einem Kilogramm oder einem Bruchteil dessen, indem man also eigentlich die Gewichtskräfte vergleicht.

Wie beim Messen von Länge und Zeit entstand der entscheidende Antrieb, auch die Masse zu kodifizieren, durch die Anforderungen des alltäglichen Lebens, besonders die des Handels. Antike archäologische Fundstücke, die auf die Nutzung von Waagen hinweisen, finden sich in Ausgrabungsstätten im Indusgebiet, dem heutigen Pakistan, und werden auf einen Zeitraum zwischen 2400 und 1700 v. u. Z. datiert. Beinahe gleich alt sind die ägyptischen Funde (etwa 1878–1842 v. u. Z.). Es ist aber sehr wahrscheinlich, dass der Gebrauch von Waagen noch viel weiter zurückgeht, wenn man die Ausbreitung des Handels der sich entlang des Nils entwickelnden Zivilisationen bedenkt. Nicht zu vergessen, dass die Waage auch damals schon eine metaphorische Bedeutung besaß. Der altägyptische Gott Anubis, Hüter der Gräber und der Verstorbenen, der mit einem Hundekopf dargestellt wird, benutzte eine Waage mit zwei Schalen, um das Herz des Hinübergegangenen gegen das Gewicht einer Feder aufzuwiegen. Von der Leichtigkeit bzw. Schwere des Herzens hing das Schicksal des Toten im Jenseits ab. Typischerweise sind die archäologischen Fundstücke Gewichtsprototypen, polierte Steine, die benutzt wurden, um die zu wiegende Masse oder die Arme der Waage auszubalancieren.

Die vorherrschende Maßeinheit für die Masse im alten Rom war die *libbra*, die ihren Namen von lateinisch *libra*, Waage erhält. Viele antike Maßeinheiten haben ihren Ursprung in Weizenkörnern oder den Samen des Johannisbrotbaums, lateinisch *Ceratonia*. Von Letzterem ist das »Karat« abgeleitet, das noch heute Verwendung findet, um das Gewicht von Edelsteinen zu messen, und in der Vergangenheit, um die 24 Teile zu bestimmen, in die die Ladungen der Genueser und Venezianer Handelsgaleeren geteilt wurden. Im *Tractatus de ponderibus et mensuris* aus dem 13. Jahrhundert liest man zum Beispiel: »Unter Zustimmung des gesamten Reiches wurde das Maß des Königs beschlossen, so dass ein englischer Penny, genannt Sterling, rund und ohne Anzeichen von Abnutzung, zweiunddreißig getrocknete Weizenkörner aus der Mitte der Ähre wiege; zwanzig Penny ergeben eine Unze; und zwölf Unzen ergeben ein Pfund [*libbra*].« Der Zusammenhang zwischen dem Messen von Gewicht und dem Handel wird auch in der Tatsache deutlich, dass ein Großteil der Währungsnamen von Gewichten abgeleitet sind, wie z. B. bei Lira, Pound, Peseta und Mark. Es überrascht darum nicht, dass wie bei den Maßeinheiten der Länge auch bei denen der Masse der entscheidende Anstoß zu einem universellen System aus der fortschreitenden Globalisierung des Handels und dem Geist des Illuminismus entsteht, der Europa im 18. Jahrhundert beherrscht.

Ein berühmter Vertreter dieser Epoche war Giovanni Fabbroni, ein 1752 in Florenz geborener Universalgelehrter. Er war Chemiker, Naturforscher, Agronom und Wirtschaftswissenschaftler, Direktor des Reale Museo di Fisica e Storia naturale in Florenz und der Toskanischen Münzprägeanstalt. Ein Mann mit vielen Interessen, sodass sogar Thomas Jefferson, der einige Jahre später dritter Präsident der Vereinigten Staaten werden sollte, auf ihn aufmerksam wurde. Schon damals verehrten die Amerikaner die italienische Kultur und strebten danach, ihre hervorragenden Persönlichkeiten für sich zu vereinnahmen. Doch Fabbroni lehnte mit ausgesuchter Höflichkeit Jeffersons Einladung nach Amerika ab, was ihn zu einem frühen Vertreter des Brain Drain (*ante litteram*) gemacht hätte.

Er blieb also in Italien, wo er eine entscheidende Rolle bei der Definition des Kilogramms spielte, zusammen mit dem französischen Wissenschaftler Louis Lefèvre-Gineau. Mit ihrer Hilfe beschloss 1795 das revolutionäre Frankreich, das Kilogramm mit einem Kubikdezimeter Wasser bei einer Temperatur von 4 °C gleichzusetzen. Diese Differenz von vier Grad gegenüber der Festlegung einige Jahre zuvor, als die Temperatur des Kubikdezimeters Wasser 0 °C betragen sollte, war ziemlich bedeutend. Fabbroni und Lefèvre-Gineau verstanden, dass das Wasser bei 4 °C zu messen eine viel stabilere Definition des Kilogramms erlaubte, da es bei dieser Temperatur die größte Dichte besitzt.

Zunächst mag diese Eigenschaft des Wassers verwundern, die sich vom Großteil der bekannten und grundlegenden Substanzen des Ökosystems unterscheidet. Aus dieser Anomalie erklärt sich, dass Teiche und Seen im Winter von der Oberfläche ausgehend zufrieren, aber nicht in den tieferen Schichten. Diese bleiben vielmehr flüssig und erhalten damit das Leben der Wassertiere. Der Definition Fabbronis und Lefèvre-Gineaus folgend wurde 1799 der als *Kilogramme des Archives* bekannte Kilo-Prototyp angefertigt, ein Platinzylinder mit ebendieser Masse eines Kubikdezimeters Wasser bei 4 °C, der in den Archives nationales in Paris verwahrt wird.

Die Meterkonvention von 1875 bestätigte im Grunde die Definition des Kilogramms und bannte es in ein neues Artefakt, das *International Prototype Kilogram* (IpK), einen kleinen Zylinder aus 90 % Platin und 10 % Iridium, der seither im Bureau International des poids et mesures (BIPM) verwahrt wird. Von diesem Prototyp wurden zahlreiche Kopien hergestellt, von denen sechs ebenfalls im BIPM verwahrt werden, während die anderen an die Länder verteilt wurden, die das Abkommen unterzeichnet hatten. Deutschland erhielt die Kopien 52, 55 und 70.

Wie beim Meter bestehen jedoch auch beim Kilogramm dieselben Gefahren, wenn man sich auf materielle Gegenstände verlässt. Denn diese, so sorgfältig sie auch hergestellt werden, sind durch Verschmutzungen oder Korrosion immer dem Prozess des Verfalls ausgesetzt, etwas, das, wie zu erwarten war, geschehen ist. Durch eine Reihe von Messungen, die 1899 ihren Anfang nahmen und bis 2014 fortgeführt wurden, hat sich tatsächlich gezeigt, dass die sechs Zwillingsprototypen des *International Prototype Kilogram* und einige der an die Länder verteilten Kopien Gewicht zulegten gegenüber dem Referenzzylinder. Im Durchschnitt fünfzig Mikrogramm in hundert Jahren, nichts im Vergleich zu den Albträumen derer, die auf Diät sind und mit hungrigen Augen auf einen Teller Nudeln mit Tomatensauce starren, aber genug, um die strenge Präzision zu verhindern, die einem universellen Prototyp abverlangt wird, erst recht angesichts der immer dringlicheren Forderung nach Akkuratesse vonseiten der modernen Wissenschaft und Technologie.

RATE MAL, WER MIT AUF HOCHZEITSREISE KOMMT

Arthur Eddington war ein großer englischer Wissenschaftler, der zwischen dem 19. und 20. Jahrhundert lebte. Ihm, dem Astronomen und Physiker, verdanken wir fundamentale Studien über das Verhalten der Sterne. Beispielsweise war er es, der als Erster vermutete, dass die Kernschmelze ein grundlegender Prozess für die Dynamik der Sterne ist. Eddington war auch ein großer Verehrer Einsteins und versuchte, die große Isolation der deutschsprachigen Wissenschaftler während und direkt nach dem Ersten Weltkrieg zu durchbrechen, indem er die allgemeine Relativitätstheorie in der angelsächsischen Welt publik machte. Doch das war nicht alles: Er war auch der Erste, der Einsteins Theorie experimentell bewies, unter Ausnutzung der Sonnenmasse. Unser Privatstern, die Sonne, die von der Erde betrachtet aussieht wie eine kleine Scheibe – manchmal auch eine etwas größere, wenn sie bei Sonnenuntergang dicht über dem Horizont steht –, ist in Wirklichkeit ein ziemlich massives Objekt. Seine Masse wird in Kilogramm ausgedrückt zu einer Zahl mit nicht weniger als 31 Stellen und ist etwa 303.000 Mal größer als die der Erde.

Die allgemeine Relativitätstheorie ist revolutionär und mathematisch kompliziert, und sie wurde nicht gleich von allen akzeptiert. Einstein selbst war sich bewusst, dass ein experimenteller Beweis erbracht werden müsste, und schlug folgende kritische Überprüfung vor: die experimentelle Messung der von der Masse der Sonne verursachten Ablenkung des Sternenlichts, die seine Theorie voraussagte. Die Helligkeit der Sonne machte jedoch jede direkte Beobachtung unmöglich, und natürlich konnte man sie auch damals nicht einfach ausschalten. Außer natürlich bei einer totalen Sonnenfinsternis, die es ermöglichen würde, die Sterne in der Nähe der Sonne zu fotografieren und zu überprüfen, ob es eine erkennbare Veränderung ihrer Position gäbe im Vergleich zu jener, wenn man sie entfernt der Sonne beobachtete.

Der Herausforderung nahm sich Erwin Freundlich an, ein begeisterter Berliner Astronom. Freundlich hatte seine Hochzeit für den Sommer 1913 geplant und verlegte seine Flitterwochen in die Schweizer Alpen, um Einstein in Zürich zu treffen und über das Experiment zu sprechen. Es liegen keine Zeugenberichte über die unmittelbare Reaktion der zukünftigen Frau Freundlich vor. Tatsache ist, dass das Treffen stattfand und den Anstoß gab für das Projekt einer von Freundlich selbst geleiteten Expedition auf die Krim, anlässlich der totalen Sonnenfinsternis, die für den 21. August 1914 vorhergesagt war. Doch Freundlich hatte kein Glück. Just als er die Krim erreichte, begann in Europa der Erste Weltkrieg. Am 1. August erklärte Deutschland Russland den Krieg. Als die Russen Freundlich kurz darauf auf ihrem Gebiet festsetzten – ihn, Wissenschaftler einer feindlichen Macht, bewehrt mit Fernrohren und Teleskopen –, waren sie nicht bereit zu glauben, dass er dort war, um irgendeine Abweichung des Sternenlichts zu messen. Er wurde verhaftet und seine Ausrüstung beschlagnahmt. Etwa einen Monat später kam er durch einen Austausch von Gefangenen frei, doch die Gelegenheit war verstrichen.

Eddington jedoch griff die Idee einige Jahre später wieder auf und schlug vor, die totale Sonnenfinsternis des 29. Mai 1919 zu nutzen. Es war kein banaler Vorschlag, wenn man die Zeiten bedenkt. Großbritannien und Deutschland hatten sich blutige Schlachten geliefert, und eine Expedition zu planen, um die Gültigkeit einer von der deutschen Wissenschaft aufgestellten Theorie zu beweisen, war für die Briten alles andere als selbstverständlich. Eddington gelang es jedoch, und wie er später schrieb: »als Protagonist der Beweisführung für die ›feindliche‹ Theorie, hat unser Observatorium seine noble wissenschaftliche Tradition fortgesetzt. Und diese Lektion ist wahrscheinlich nötig in der heutigen Welt.«

Um die Sonnenfinsternis zu beobachten, teilte sich seine Gruppe in zwei. Eddington fuhr mit einigen Kollegen auf die Prinzeninsel vor der Westküste Afrikas. Die anderen Kollegen fuhren nach Sobral, Brasilien. Auf der Prinzeninsel war der Himmel an diesem Tag bewölkt, und das schlechte Wetter hätte monatelange Vorbereitungen zunichtemachen können, doch Eddington hatte, anders als Freundlich, Glück. Kurz vor der Sonnenfinsternis brach die Wolkendecke auf. Das erlaubte ihm, einige Sterne der Hyaden zu fotografieren. Als die Messungen ausgewertet wurden, bestätigten sie die allgemeine Relativitätstheorie und wurden am 6. November 1919 der Royal Astronomical Society vorgestellt. Die Nachricht – die sich bis dahin auf den engen Kreis der Physiker beschränkte – ging um die ganze Welt. Einstein erlangte Weltruhm. Die *Times* titelte: »Revolution der Wissenschaft. Das Newtonsche Weltbild gekippt«. Ein wenig sensationalistischer der Titel der *New York Times*: »Kein Himmelslicht ist, was es scheint. Einsteins Theorie triumphiert«. Teilweise lässt sich dieser Titel der amerikanischen Zeitung vielleicht damit entschuldigen, dass sie die Reportage in Ermangelung eines Londoner Wissenschaftskorrespondenten an einen Golfreporter übergab ...

DREI, ZWÖLF ODER KEINER?

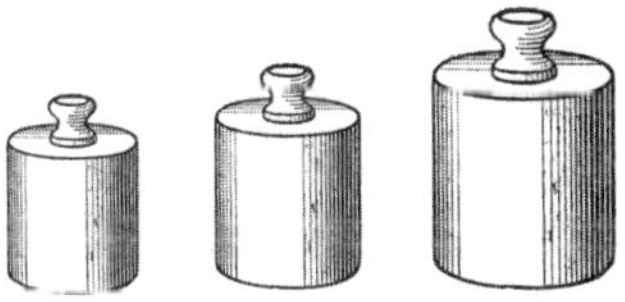

Eddington fehlte es sicher nicht an Können und Glück. Dafür an Bescheidenheit, wenigstens, wenn man folgender Anekdote Glauben schenkt: Er erhielt das Kompliment, er sei eine der drei Personen auf der Welt, die die allgemeine Relativitätstheorie verstünden, und sein Schweigen darauf wurde gutmütig als falsche Bescheidenheit ausgelegt. Woraufhin er zur Antwort gab, nein, er wolle nicht bescheiden sein, er versuche nur darüber nachzudenken, wer denn die dritte Person sei.

Über die Anzahl von Menschen, die die Relativitätstheorie verstanden, hat sich seither eine zumindest halb ernst gemeinte Debatte entsponnen, und sogar auf der Onlineplattform quora.com fand in jüngerer Zeit ein Austausch von Fragen und Antworten zum Thema statt. Auch der Nobelpreisträger Richard

Feynman leistete 1965 in seinem Buch *The Character of Physical Law* einen Beitrag zur Debatte, mit der Anmut, die seine wissenschaftlichen Ausführungen so sehr auszeichnet: »Sicher verstanden mehr als zwölf auf die eine oder andere Weise die Relativitätstheorie. Aber ich glaube mit Sicherheit sagen zu können, dass bis heute nicht ein einziger die Quantenmechanik versteht.«

Es ist kein Zufall, dass Feynman die beiden Theorien nebeneinanderstellt, die die moderne Physik revolutioniert haben, mehr oder weniger zur selben Zeit entstanden und dank sehr schwerer oder sehr leichter Objekte (jedenfalls weichen sie enorm von der Gewichtsskala ab, mit der wir in unserer täglichen Erfahrungswelt umgehen) experimentelle Bestätigung erfuhren. Während auf der einen Seite mithilfe der enormen Masse der Sonne die Relativitätstheorie bewiesen wurde, war es auf der anderen die experimentelle Untersuchung des Mikrokosmos und der Elementarteilchen wie der Atome, die den Weg zur Quantenphysik ebnete. Ein Wasserstoffatom beispielsweise besitzt eine Masse von einem Milliardstel eines Milliardstels eines Milliardstels Kilogramm. Wenn wir auf die Waagschale einer hypothetischen Waage die Sonne legen würden, müssten wir auf die andere eine Anzahl von Wasserstoffatomen mit 57 Nullen legen. Infinitesimale Bruchteile oder exorbitante Vielfache des Kilogramms haben die Türen zu neuen Interpretationen der Natur aufgestoßen, die objektiv nicht leicht bis ins letzte Detail zu verstehen sind. Die Aussage Feynmans wirkt wie eine Übertreibung, aber genau genommen ist sie noch heute genauso zutreffend.

Zunächst einmal gibt es keinen alleinigen Begründer der Quantenmechanik (wenn es ihn gäbe, müsste wenigstens er sie komplett durchdrungen haben …). Wie David Griffiths in dem herausragenden Fachbuch *Introduction to Quantum Mechanics* schreibt: »Anders als die Newton'sche Mechanik, die

Maxwell'sche Elektrodynamik oder die Einstein'sche Relativitätstheorie wurde die Quantenmechanik nicht von einem einzelnen Menschen geschaffen (oder auch nur in eine endgültige Form gebracht), und bis heute trägt sie ein paar Narben aus ihrer ebenso rauschhaften wie traumatischen Jugendzeit.«[8] Und wenngleich sie wunderbar funktioniert, wird an den Gründen für ihr Funktionieren und an ihrer Interpretation noch heute geforscht. Griffiths fährt fort: »Noch immer gibt es keinen allgemeinen Konsens darüber, was eigentlich ihre Grundlagen sind, wie man sie lehren sollte oder was sie eigentlich ›bedeutet‹. Jeder sachkundige Physiker kann Quantenmechanik betreiben, aber wenn wir uns dann davon erzählen, *was* wir eigentlich treiben, hört es sich so bunt und vielfältig an wie bei Scheherazade (und fast genauso märchenhaft).«[9]

Anders gesagt, die Quantenmechanik sagt uns viele Dinge, die physikalische Systeme gut beschreiben, aber was sie bedeutet, wissen wir noch nicht. So kommt es, dass sich heute verschiedene Theorien über die Interpretation der Quantenmechanik gegenüberstehen, die teilweise in die Philosophie hineinreichen. Das sind Invasionen, die zwar das breite Publikum anziehen, sich jedoch beim Verlassen des soliden Wissenschaftsfeldes auf viel glatterem Boden bewegen und riskieren, ein Bild zu zeichnen, das der Theorie wenig gerecht wird. Eine Theorie, die jedoch im Bereich Vorhersagen, reproduzierbare Ergebnisse und der Beschreibung physikalischer Systeme extrem belastbar ist. Ausgehend von jener Theorie, die die Quantenmechanik begründete und die auf niemand anderen zurückgeht als Max Planck.

DAS LICHT DES SCHWARZEN KÖRPERS

Es mag paradox scheinen für eine so komplexe Theorie, die Phänomene beschreibt, die von unserer alltäglichen Erfahrung so weit entfernt sind wie die Elementarteilchen, doch die Quantenrevolution nahm ihren Anfang bei der Analyse eines Phänomens, das jeder kennt: der Wärmestrahlung. Jeder wird einmal beobachtet haben, wie ein erhitztes Stück Metall Licht abstrahlt, das typischerweise von rötlich bis weiß reicht. Denken wir an einen Schürhaken im Feuer oder den Glühfaden alter Glühbirnen (Letzteres eine Erinnerung, die ein gewisses Alter verlangt, angesichts der Tatsache, dass Glühbirnen 2009 vom Markt genommen worden sind). Dieses Licht besteht aus elektromagnetischen Wellen und heißt Wärme – oder thermische Strahlung, weil sie von einem Körper als Resultat seiner Temperatur abgegeben wird. Wir selbst geben aufgrund der Tatsache, dass wir in etwa 37 Grad warm sind, thermische Strahlung im Infrarotbereich ab, die mit den geeigneten Instrumenten sichtbar gemacht werden kann. Auf diesem Prinzip beruht die Messung der Körpertemperatur mit dem Thermoscanner, mit dem viele von uns aufgrund der Covid-19-Pandemie vielleicht erstmals Bekanntschaft machen mussten.

Die thermische Strahlung wächst mit dem Ansteigen der Temperatur schnell an. Je wärmer ein Körper ist, desto intensiver wird diese Strahlung. Das Phänomen wird im Stefan-Boltzmann-Gesetz beschrieben, nach dem die Strahlungsleistung pro Oberflächeneinheit sich proportional zur vierten Potenz der Temperatur verhält. In anderen Worten, wenn sich die Temperatur eines Objekts verdoppelt, verstärkt sich die abgegebene Strahlung um ganze 16 Mal.

Die spezifischen Eigenschaften der thermischen Strahlung

hängen von der Zusammensetzung des Objekts ab, von dem sie ausgeht. Es gibt jedoch Körper, die thermische Strahlung mit universellen Eigenschaften abgeben, sogenannte Schwarze Körper. Der Name ist Programm: Ein Schwarzer Körper ist ein Körper, der alle auf ihn treffende Strahlung absorbiert und den wir genau aus diesem Grund als schwarz wahrnehmen. Farbige Objekte hingegen erscheinen uns als solche, weil sie einen Teil des Lichts reflektieren, insbesondere den Teil, der die Farbe trägt, die wir sehen. Der Stoff eures roten T-Shirts hat mit dem Rot selbst gar nichts am Hut.

Mit der Entdeckung des Elektromagnetismus werden gegen Ende des 19. Jahrhunderts erste akkurate Messungen der Eigenschaften der Strahlung Schwarzer Körper angestellt, und es entstehen die ersten Theorien. Zwischen 1900 und 1905 versuchen sich Lord John Rayleigh und James Jeans an einer Analyse der experimentellen Beobachtungen, indem sie Überlegungen der klassischen Physik anwenden. Sie arbeiten mit großer Genauigkeit, doch es gelingt ihnen nicht, die experimentellen Evidenzen zu erklären. Im Rückblick betrachtet liegt der Grund auf der Hand. Innerhalb der klassischen Physik machen die Physiker keinen Fehler. Das Problem besteht darin, dass die klassische Physik in diesen Bereichen keine Gültigkeit mehr besitzt.

Es ist das Genie Max Plancks, dies 1900 zu erkennen und den ersten Samen der Quantenmechanik zu säen. Planck folgt zunächst der Theorie Rayleighs und Jeans', doch er stellt eine revolutionäre These auf: Die Energie elektromagnetischer Wellen verändert sich nicht kontinuierlich, sondern nimmt nur diskrete Beträge an, die Vielfache eines fundamentalen Quantums sind:

$$E = hf$$

Dabei ist E die Energie, f die Wellenfrequenz und h eine universelle Konstante, die später ihm zu Ehren Planck-Konstante getauft wurde und die, wie wir sehen werden, der neuesten Definition des Kilogramms zugrunde liegt. Das Licht, das in der klassischen Physik als elektromagnetische Welle beschrieben wird, deren Amplitude ständig variieren und also jeden beliebigen Wert annehmen kann, wird stattdessen in diskreten Beträgen absorbiert und abgegeben, ähnlich wie von den Atomen, wie wir gesehen haben. Es ist, als ginge man in den Supermarkt, um Milch zu kaufen: Wir können eine Flasche kaufen, zwei, drei ... aber immer nur eine ganze Einheit. Es ist schwierig, mit 27,0895 Litern Milch an die Kasse zu treten.

Mit diesem Gesetz führt Planck zum ersten Mal das Konzept der Quantelung von Energie ein, das sich als essentiell für die Beschreibung eines physikalischen Phänomens entpuppt. Auf mikroskopischer Ebene ist die Natur diskontinuierlich, und die Wissenschaft beginnt, auf sie zu hören. Für ein Wissenschaftsverständnis, das noch immer vom Grundsatz *Natura non facit saltus* dominiert wird, ist das ein enormer Paradigmenwandel.

Die Quantenmechanik ist da.

AUCH NOBELPREISTRÄGER IRREN

Die Leute von der Königlichen Wissenschaftsakademie in Stockholm sind anspruchsvoll. So anspruchsvoll, dass sie sogar bereit sind, die Zeremonie zu verschieben, wenn sie keine Kandidaten finden, die ihnen würdig genug erscheinen. Genau dies geschah 1921, als das Auswahlkomitee für den Nobelpreis in Physik konstatierte, dass keiner der Infragekommenden wirklich geeignet sei, den Preis zu bekommen. Übrigens ist die Liste der illustren »Durchgefallenen« – nennen wir sie mal so – heute öffentlich. Alle Kandidaturen, auch die, die nicht mit einem Gewinn enden, werden üblicherweise nach 50 Jahren publik gemacht. Wenn ihr empfindlich seid, macht euch bewusst: Für den Nobelpreis vorgeschlagen zu werden kann einige Schattenseiten haben.

Wenn der Preis in einem Jahr nicht verliehen wird, sieht das Regelwerk vor, dass das Komitee ihn für das kommende Jahr zur Seite legen kann, indem dann also zwei Preise verliehen werden. Und tatsächlich hatte die schwedische Akademie im Jahr 1922 kein Problem mit mangelhaften Kandidaten, denn sie fand derer zwei: Der Preis von 1921 ging an Albert Einstein und der von 1922 an Niels Bohr, den Vater der modernen Atomtheorie und einen der Begründer der Quantenmechanik.

Bei der Zeremonie zur Verleihung am 10. Dezember 1922 war es Svante Arrhenius, seinerseits Nobelpreisträger für Chemie von 1903 und damals Vorsitzender der Abteilung Physik im Auswahlkomitee, der die beiden Gewinner dem König vorstellte. Die Figur Arrhenius erinnert uns, nebenbei bemerkt, daran, dass zuweilen auch Nobelpreisträger irren. Gegen Ende des 19. Jahrhunderts war er einer der Ersten, die die Auswirkungen des CO_2 auf das Weltklima untersuchten, und in einem berühmt gewordenen Artikel von 1896 sprach er von der direkten Korrelation zwischen der CO_2-Sättigung der Atmosphäre und der Temperatur auf unserem Planeten. Er präsentierte sehr detaillierte Berechnungen und stellte die Hypothese auf, dass wenn die CO_2-Dichte um die Hälfte sinke, die europäische Durchschnittstemperatur um etwa fünf Grad fallen und so eine neue Eiszeit herbeiführen könnte. Dies war jedoch ein Risiko, das er für gering hielt, angesichts der Tatsache, dass mit dem Beginn der Industriellen Revolution der Verbrauch von Kohle als Brennmittel recht schnell anstieg und damit auch der CO_2-Gehalt. In seinem Buch *Das Werden der Welten* von 1908 stellte Arrhenius einen positiven Effekt dieses Verbrennens natürlicher Rohstoffe heraus: »Wir hören häufig Klagen über die

Tatsache, dass die in der Erde eingeschlossene Kohle von der gegenwärtigen Generation ohne Gedanken an die Zukunft verschwendet wird [...]. Wir können ein wenig Trost finden in der Überlegung, dass hier, wie in jedem anderen Fall, das Schlechte auch etwas Gutes birgt. Durch den Einfluss der wachsenden Kohlenstoffdioxid-Sättigung (CO_2) der Atmosphäre können wir auf Zeitalter mit ausgeglichenerem und besserem Klima hoffen, vor allem was die kältesten Regionen der Erde betrifft, Zeitalter, in denen die Erde viel reichlichere Ernte bringt als heute, was der rasch wachsenden Menschheit zugutekommt.« Sagen wir es so: Es gibt leider auch so einige negative Auswirkungen, die Arrhenius *nicht* vorhergesehen hatte ...

Kehren wir zu jenem 10. Dezember zurück, als Arrhenius seine Präsentation Einsteins vor dem schwedischen König damit eröffnete, dass es »wahrscheinlich keinen lebenden Physiker« gebe, »dessen Name so große Bekanntheit erlangt hat wie der Albert Einsteins«, um sofort danach hinzuzufügen: »Der Großteil der Diskussion [über Einstein] konzentriert sich auf die Relativitätstheorie.« Dann wechselte er jedoch das Thema und sprach von anderem. In der Tat bekam Einstein den Nobelpreis von 1921, so seltsam es scheinen mag, nicht für die Relativitätstheorie zugesprochen, sondern für eine andere Entdeckung, die dem breiten Publikum zweifellos weit weniger bekannt ist: die theoretische Beschreibung des photoelektrischen Effekts, einem weiteren Meilenstein in der Geschichte der Quantenmechanik.

Wie bei der Wärmestrahlung kommt einem auch in diesem Fall die tägliche Erfahrung zu Hilfe. Auf die Quantenmechanik trifft man zuweilen an Stellen, an denen man es am wenigsten erwartet, sogar in einem Aufzug. Der photoelektrische Effekt findet für gewöhnlich in Fotozellen Anwendung, wie die, die das Schließen der Fahrstuhltüren verhindern, wenn etwas im Weg ist. Das geschieht, wenn eine metallische Oberfläche von ultraviolettem Licht getroffen wird und Elektronen emittiert, die sich vom Material lösen, messbar sind und ein elektrisches Signal erzeugen, das in diesem Fall das Schließen der Türen verhindert. Damit eine solche Emission von Elektronen stattfindet, muss das Licht ultraviolett sein. Mit sichtbarem oder Infrarotlicht, wie intensiv auch immer, findet kein photoelektrischer Effekt statt. Dies ist unmöglich erklärbar mit der klassischen Wellentheorie des Lichts.

Um aus dieser Sackgasse herauszukommen, verabschiedete sich auch Einstein 1905 von der Kontinuität der klassischen Physik und vermutete, dass die Energie des elektromagnetischen Feldes quantisiert sei. Darüber hinaus erdachte er das Konzept des »Lichtquantums«: »Die Energie [eines Lichtstrahls] besteht aus einer endlichen Anzahl von in Raumpunkten lokalisierten Energiequanten, welche sich bewegen, ohne sich zu teilen, und nur als Ganze absorbiert und erzeugt werden können.« Das Energiequantum ist das Photon, das die Widersprüche zwischen dem Experiment und der klassischen Theorie auflöst. Dem Photon schrieb Einstein die Energie hf zu, dasselbe Quantum, das Planck bei der Wärmestrahlung Schwarzer Körper gefunden hatte. Aufgrund dieser Intuition formulierte er die Theorie, die den photoelektrischen Effekt vollständig erklärte. Damit war das Bild endlich vollständig: Nicht nur wird die elektromagnetische Strahlung in teilchengleichen Paketen abgegeben, wie Planck entdeckt hatte, sondern sie kann sich auch ausbreiten wie ein Teilchen, in Form von Photonen.

»Dank dieser Studien Einsteins«, sagte Arrhenius am Ende seiner Rede, »wurde die Quantentheorie perfektioniert und auf ein neues Niveau gehoben, und in diesem Bereich ist eine vielfältige Literatur entstanden, die die außerordentliche Bedeutung dieser Theorie aufzeigt.«

IDENTITÄTSKRISE

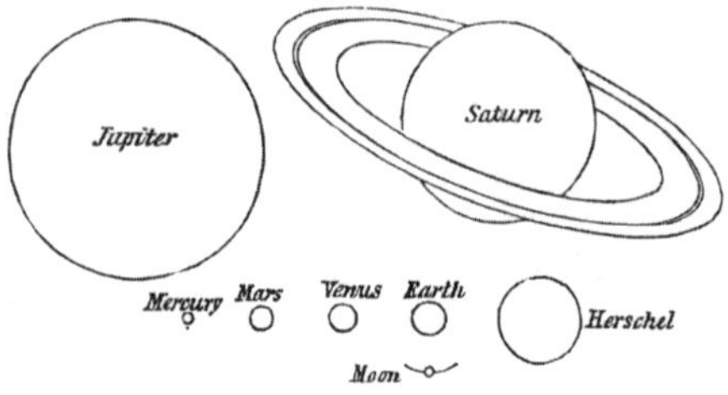

Vielleicht wurden in der Geschichte der Physik nie wieder so viele Entdeckungen verzeichnet wie in den Jahrzehnten des 19. und 20. Jahrhunderts. Experimente, die jahrhundertealtes Wissen über den Haufen warfen, neue Theorien, die die Beschreibung des Universums revolutionierten. Die Welt der Wissenschaft war in ständigem Aufruhr, ein unaufhaltsames Aufwallen von Ideen, das zweifellos auch den jungen Louis de Broglie, einen Sprössling des französischen Adels, beeinflusst hat, als er plötzlich, nach einem Geschichtsstudium, eine Drehung um 180 Grad vollführte und beschloss, sich stattdessen der Naturwissenschaft zu widmen, vor allem der Physik. Während des Ersten Weltkriegs beschäftigte er sich ganz praktisch damit, indem er ein Radiokommunikationssystem mit U-Booten entwickelte. Doch das war es nicht, was ihn auf die Seiten der Geschichtsbücher bannte, deren Studium er vorzeitig abgebrochen hatte, sondern seine Doktorarbeit, die er 1924 an der Universität von Paris vorstellte.

Fasziniert von den neuesten Entdeckungen Einsteins und Arthur Holly Comptons, die die duale Natur des Lichts bewiesen, also seine Eigenschaft, gleichzeitig Welle und Teilchen zu sein, stellte de Broglie die Hypothese auf, dass der Welle-Teilchen-Dualismus ebenfalls für die Materie gelten könnte. Etwas Feststofflichem wie der Materie Wellenqualitäten zuzuschreiben war für die damalige Zeit buchstäblich Science-Fiction. Und in der Tat wurde auch seiner Doktorarbeit, wenngleich man sie mit Interesse aufnahm, nur wenig praktischer Nutzen zugeschrieben. Doch es vergingen nicht mehr als zwei Jahre, bis

1926 eine ganze Reihe von Experimenten de Broglies Theorie bestätigte, für die er 1929 den Nobelpreis zugesprochen bekam.

Im Zeichen der Quantenphysik ging de Broglie von einer umfassenden Symmetrie der Natur aus: Das Universum bestehe aus Materie und Strahlung, und beide können sich sowohl als Welle als auch als Partikel verhalten.

Die Physik war inzwischen bereit, die Quantenmechanik zu formalisieren, und tatsächlich stellte 1925 der österreichische Physiker Erwin Schrödinger die Gleichung auf, die heute seinen Namen trägt und die die Evolution der Quantenwelt beschreibt. In der mikroskopischen Welt wird die Konkretheit der Objekte durch die Ungewissheit einer Wahrscheinlichkeit ersetzt.

DER APFEL UND DER MARS

250 Jahre zuvor fiel ein Apfel von einem Baum in einem Garten in Lincolnshire. Wir wissen nicht, ob es wahr ist, dass er Isaac Newton, den berühmten englischen Wissenschaftler, auf den Kopf traf, der, wie es heißt, meditierend unter jenem Apfelbaum saß. Gewiss ist aber, dass in diesen Jahren, auch dank der vorangegangenen Studien Galileis, Newton die Grundlagen der klassischen Mechanik begründete. Jenem Zweig der Physik, der das Gleichgewicht und die Bewegung von Körpern untersucht und der bis zum Ende des 19. Jahrhunderts mit großem Erfolg Anwendung fand, um die Natur und die gesamte Welt zu beschreiben, von der Astronomie bis hin zu den Maschinen der Industriellen Revolution.

Newtons Mechanik erlaubt uns, die Bewegung eines Objekts zu berechnen, sobald die physikalischen Kräfte bekannt sind, die darauf einwirken. Dies geschieht mittels des fundamentalen Gesetzes:

$$F = ma \qquad (2)$$

Es besagt, dass, wenn die Interaktion eines Körpers der Masse m mit der Umwelt, in der er sich befindet, bekannt ist in Form der auf ihn wirkenden Kraft F, so können wir seine Beschleunigung a errechnen, die seine Bewegung charakterisiert. Wenn man die weiteren Details außer Acht lässt, kann man festhalten, dass die Eleganz und die Kraft dieses Gesetzes in der Feststellung liegt, dass die Bewegung eines Körpers vollständig und eindeutig durch seine Beziehung zur Welt determiniert wird.

Anders gesagt: Ein und dieselbe Kraft verursacht verschiedene Bewegungen, in Abhängigkeit von der Masse der Körper, auf die sie einwirkt. Das deckt sich mit unserer Erfahrung, wenn wir an den unterschiedlichen Effekt denken, mit der Kraft unserer Arme einen Fußball zu werfen oder einen Stein von denselben Ausmaßen. Die Masse beschreibt die Trägheit, die ein Körper einer Krafteinwirkung entgegensetzt: Je größer die Masse, desto geringer die Wirkung, die eine gegebene Kraft auf den Körper hat.

Das Newtonsche Gesetz, wie im Übrigen die gesamte klassische Mechanik, ist deterministisch: Ist die Kraft und die Eigenschaft der Bewegung zu einem bestimmten Zeitpunkt gegeben, sind wir in der Lage, mit absoluter Präzision die Bahn des Körpers vorherzusagen. Diese vorausschauende Qualität der Klassischen Mechanik sehen wir zum Beispiel in der Beschreibung der Planetenbahnen oder der Weltraumfahrten auf bewundernswerte Weise im Einsatz. Im Juli 1969 gelang es den Physikern der NASA, Menschen auf einen präzisen Punkt auf den Mond zu bringen, nach einer Reise von über 384.000 Kilometern. Im Februar 2021 steuerten die Nachfolger dieser Wissenschaftler den Rover *Perseverance* auf die Oberfläche des

Mars nach einer Reise von etwa sieben Monaten und 480 Millionen Kilometern, ebenfalls in einer Punktlandung. All das auch dank der klassischen Mechanik, durch die es erst möglich wurde, die Flugbahn der Raumschiffe mit extremer Präzision zu berechnen.

Die klassische Mechanik funktioniert, und sie erlaubt uns, die Zukunft vorherzusagen.

Oder auch nicht.

KRISTALLKUGELN UND RAUCHZEICHEN

»Ibis et redibis non morieris in bello« bedeutet entweder »Du wirst gehen, zurückkehren und nicht im Krieg sterben« oder aber »Du wirst gehen, nicht zurückkehren und im Krieg sterben.« Ein Komma macht hier den großen Unterschied! Die Sibylle war klug genug, zweideutig zu sprechen. Doch die Zukunft vorherzusagen ist ein menschliches Verlangen, schon lange vor der Erfindung der Wissenschaft. Prophetinnen, Gurus und Wahrsager haben immer ihr Publikum gefunden, und die Hoffnung, mit genügend Klugheit und den angemessenen Mitteln – seien es die Eingeweide eines Tiers, die Rauchringe eines Feuers auf den Feldern oder eine Kristallkugel – könne man das vorhersehen, was noch nicht geschehen ist, war schon immer tief im Menschen verwurzelt. Es ist also nicht schwer, sich vorzustellen, wie diese Hoffnung Nahrung fand in den *Principia*, die Newton 1687 publizierte.

Mit Newton wird die Vorhersage der Zukunft zur Wissenschaft und ist nicht länger Vermutung oder Interpretation. Seine Bewegungsgleichung erlaubt es, mit Sicherheit die zukünftige Position eines Körpers vorherzusagen. Wenn wir dem im 19. Jahrhundert die Entwicklung des Elektromagnetismus hinzufügen, der ebenfalls komplett deterministisch ist, und die Tatsache, dass alle Systeme aus Elementarbausteinen bestehen, sehen wir, wie zu Beginn des 20. Jahrhunderts der Traum, die Zukunft vorherzusagen, greifbar scheint, sobald eine ausreichend große Berechnungskapazität vorliegt.

Doch man hatte die Rechnung ohne den Wirt gemacht. Das heißt, ohne die Physik. Ausgerechnet die Disziplin, die mit der klassischen Mechanik den Traum einer deterministischen Vorhersagbarkeit angestoßen hatte, begann zu Beginn des 20. Jahrhunderts, deren Basis auszuhöhlen.

NICHT NUR DIE KATZEN

Im Jahr 1935 veröffentlichte der Physiker Erwin Schrödinger mit »Schrödingers Katze« ein Gedankenexperiment, das die direkte Übertragung quantenmechanischer Begriffe auf die makroskopische Welt problematisiert: Eine Katze befindet sich in einer Kiste, gemeinsam mit einer geringen Menge radioaktiver Substanz. Diese ist so gewählt, dass es innerhalb einer Stunde gleich wahrscheinlich ist, dass eines der radioaktiven Atome zerfällt oder kein Zerfall stattfindet, die Katze also stirbt oder am Leben bleibt.

Trotz des schlimmen Rufes, den er sich damit wohl unter den Katzen der Welt verschafft hat, leistete Schrödinger – der, nebenbei bemerkt, anscheinend einen Hund hatte – einen wichtigen Beitrag zur Entwicklung der Quantenmechanik, die seinen Namen trägt:

$$i\,{}^{h}/_{2\pi}\frac{\partial\psi}{\partial t} = -\frac{(h^2/2\pi^2)}{2m}\frac{\partial^2\psi}{\partial x^2} + V\Psi \qquad (3)$$

Ihr müsst angesichts der scheinbaren Komplexität nicht erschrecken. Natürlich ist es Aufgabe von Fachleuten, die Gleichung bis ins Letzte zu verstehen, doch in gewisser Weise ist sie analog zur Newton-Gleichung zu betrachten, von der wir kürzlich sprachen: Auch in diesem Fall geht man von der Interaktion eines Partikels mit der äußeren Welt aus – hier vertreten durch die potentielle Energie *V* – und man errechnet die Lösung für eine Vorhersage der Zukunft. Nur dass in diesem Fall das Objekt der Vorhersage nicht die genaue Position des Partikels ist, sondern die Wahrscheinlichkeit, ihn an einem gegebenen Ort vorzufinden. Die Funktion φ, die wir erhalten, wenn wir die Schrödinger-Gleichung auflösen, beschreibt tatsächlich eine Welle in vollkommener Übereinstimmung mit der Hypothese de Broglies. Die Wellenfunktion φ sagt uns aber nicht, wo genau sich der Partikel befindet, sondern nur, wo wir ihn aller Wahrscheinlichkeit nach finden könnten. Der Determinismus der klassischen Mechanik und der Newton-Gesetze wird durch die Unsicherheit der Quantenmechanik untergraben.

Das bedeutet nicht, dass die klassische Mechanik irrt: Sie funktioniert jedoch nur in gewissen Bereichen. Die Quanteneffekte sind allein in der mikroskopischen Welt sichtbar. Auf makroskopischer Skala – wobei wir mit makroskopisch die Größe eines Sandkorns bis hin zu ganzen Planeten meinen – funktioniert die klassische Mechanik wunderbar, wie wir schon gesehen haben. So wie die Relativitätstheorie den Geltungsbereich der physikalischen Gesetze unter der Bedingung hoher Geschwindigkeiten im Bereich der Lichtgeschwindigkeit ausweitet, weitet die Quantenmechanik die Gültigkeit bis in die kleinsten Dimensionen hinein aus auf den atomaren und subatomaren Bereich. Und so, wie eine universelle physikalische

Konstante die Relativität charakterisiert – die Lichtgeschwindigkeit –, ist die Planck-Konstante die Handschrift der Quanteneffekte. So sehen wir beispielsweise, dass sie auch in der Schrödinger-Gleichung auftaucht.

Das Newtonsche Gesetz ($\boldsymbol{F} = m\boldsymbol{a}$) und die Schrödinger-Gleichung sind also Grundwerkzeuge, mit denen die Physik die Welt beschreibt, ob in der klassischen oder der Quantenversion. Getrennt durch Jahrhunderte und Ikonen komplementärer Welten, sind sie jedoch auch verbunden durch das, was wie ein einfacher Buchstabe des Alphabets erscheinen mag, das »*m*«, das in Wirklichkeit für eine grundlegende Charakteristik des studierten Objekts steht und festsetzt, ob es sich um ein Neutron oder die Raumkapsel Apollo 11 handelt: die Masse.

Sowohl in der klassischen Physik als auch in der Quantenphysik hat die Masse die entscheidende Rolle dabei, über die Kräfte die Interaktion eines Körpers mit der Welt zu vermitteln. In Sonderfällen können auch andere Eigenschaften eines Körpers diese Rolle übernehmen: Elektrische Ladung und Geschwindigkeit beispielsweise charakterisieren die Interaktion mit dem elektromagnetischen Feld, doch die Masse eines Körpers ist überall präsent, egal, welche Kraft auf ihn einwirkt.

Die Masse der Körper ist auch bei einem weiteren grundlegenden Prozess der Physik von zentraler Bedeutung: der Gravitation. Es war tatsächlich Newton, der entdeckte, wie zwei Objekte allein aufgrund der Tatsache, dass sie beide eine Masse besitzen, sich gegenseitig mit einer Kraft anziehen, die sich direkt proportional zur Masse der Körper verhält und abnimmt, je weiter sich die Körper voneinander entfernen. Theoretisch drückt sich die Anziehungskraft zweier Massekörper m_1 und m_2 mit einer Entfernung r zueinander aus wie folgt:

$$F_g = \gamma \frac{m_1 m_2}{r^2} \tag{4}$$

Dabei bezeichnet γ die Gravitationskonstante, eine weitere universelle Konstante der Physik.

Die Gravitation ist eine der vier fundamentalen Kräfte; sie ist verantwortlich für die Bewegung der Planeten und die Empfindung von Gewicht auf der Erde. Es ist eben diese gravitative Anziehung, die die Masse der Erde auf jedes Objekt ausübt, das in ihre Nähe kommt, die das Gewicht eines Objektes ausmacht. Das Gewicht ist also nichts anderes als eine Kraft. Jedes beliebige Objekt mit der Masse m in der Nähe der Erdoberfläche ist einer Anziehungskraft G der Erde ausgesetzt, entsprechend:

$$G = mg \qquad (5)$$

G steht hierbei für die Fallbeschleunigung, die von Masse und Radius der Erde abhängt, ebenso wie von der Gravitationskonstante γ. Auch dies ist ein Ausdruck des Newtonschen Gesetzes $\mathbf{F} = m\mathbf{a}$, und wieder bemisst die Masse eines Objektes seine Interaktion mit der Welt, in diesem Fall mit unserem Planeten. Da die Fallbeschleunigung in der Nähe der Erde nahezu konstant ist, wird die Masse in unserer alltäglichen Erfahrung zum Synonym für Gewicht.

Dieses einfache ›*m*‹: nicht wegzudenkender Bestandteil jeder Einkaufsliste (»Denk dran, drei Kilo Äpfel und zweihundert Gramm Käse zu kaufen!«) und Verkehrszeichen sowie Verursacher heimlicher Blicke auf die Personenwaage nach einem üppigen Mittagessen, ist in Wirklichkeit ein grundlegender Baustein der Physik. Denkt das nächste Mal daran, wenn ihr beim Aufbruch zu einer Reise bemerkt, dass ihr einen viel zu schweren Koffer voll unnützer Dinge hinter euch herzieht: Ihr seid dabei, ein grundlegendes Gesetz der Physik zu verifizieren. Vielleicht ist es euch ein Trost.

21. OKTOBER

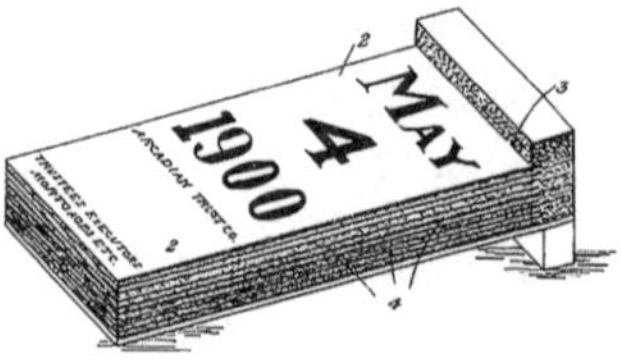

Am 21. Oktober 1944 wartete Max Planck bang oder vielleicht resigniert auf den Ausgang des Prozesses gegen seinen Sohn Erwin, der nur zwei Tage später mit seiner Verurteilung zum Tod enden sollte. Am 21. Oktober 1520 entdeckte Ferdinand Magellan die Meerenge, die seinen Namen trägt. Am selben Tag des Jahres 1879 stellte Thomas Edison den Patentantrag für seine Glühlampe. Im Jahr 1833 erblickte Alfred Nobel das Licht der Welt, im Jahr 1917 Dizzy Gillespie und 1995 Doja Cat.

Es genügt, ein paar Minuten im Internet zu investieren, um mindestens weitere drei Dutzend Ereignisse oder weitere Geburtstage von Berühmtheiten zu finden, die am 21. Oktober stattfanden. Wenn man bedenkt, dass ein Jahr 365 Tage hat und es eine deutlich größere Zahl geschichtsträchtiger Ereignisse gibt, sagt uns die Statistik, dass der 21. Oktober im globalen Rahmen nichts Besonderes ist. Anders jedoch im metrischen System, wo der Einheiten nicht Millionen sind, sondern genau sieben. Wenn man sich dann vorstellt, dass die Definition zweier davon an einem 21. Oktober buchstäblich revolutioniert worden ist, ist diese Koinzidenz zumindest ungewöhnlich.

Wie wir im vorigen Kapitel gesehen haben, definierte am 21. Oktober 1983 die Siebzehnte Generalkonferenz für Maß und Gewicht den Meter in Abhängigkeit von der Lichtgeschwindigkeit. 28 Jahre später, am 21. Oktober 2011, bestimmte die 24. Ausgabe derselben Konferenz das definitive Ende einer Ära. Das langlebigste Artefakt, das zur Definition einer fundamentalen Maßeinheit verwendet wurde, der Kilo-Prototyp, ging ein für alle Mal in Pension. Die Beständigkeit eines Stückes Edelmetall – unvermeidlich vergänglich wie alle menschlichen Werke – wurde durch die Beständigkeit der Natur ersetzt, universell und für alle verfügbar. Eine Beständigkeit, die paradoxerweise – aber nur scheinbar – auch mithilfe der universellen Konstante definiert wurde, die die Gewissheiten der klassischen Mechanik infrage stellte, und die mehr als alle anderen für die Unbeständigkeit steht: die Planck-Konstante.

QUANTEN UND WAAGEN

Die neue und revolutionäre Definition des Kilogramms als Einheit der Masse stützt sich auf zwei grundlegende Theorien der modernen Physik: die Relativitätstheorie und die der Quantenmechanik. In beiden, wie generell in der Physik, ist das Konzept der Energie entscheidend. Die Energie der Relativitätstheorie ist enthalten in der wahrscheinlich populärsten Formel der gesamten Wissenschaft:

$$E = mc^2 \qquad (6)$$

Sie verbindet die Energie E mit der Masse m über die konstante Lichtgeschwindigkeit c.

In der Quantenmechanik ist die Energie mit der Schwingungsfrequenz f einer Welle verbunden, über das konstante Plancksche Wirkungsquantum h, von dem wir im vorherigen Kapitel sprachen:

$$E = hf \qquad (7)$$

Achtung! Es ist dieselbe physikalische Größe, die Energie, die dank der Relativitätstheorie und der Quantenmechanik sowohl in Abhängigkeit von der Lichtgeschwindigkeit c dargestellt werden kann als auch von der Planck-Konstante h. Die Energie wird also zur Brücke zwischen Relativitätstheorie und Quantenmechanik, und vor allem erlaubt sie uns, die Masse in Abhängigkeit zu zwei universellen physikalischen und darum unveränderlichen Konstanten wie *c* und *h* zu beschreiben.

Weit entfernt davon, ein bloßer theoretischer Kunstgriff für Eingeweihte zu sein, ist das Verhältnis zwischen der Masse und den beiden universellen Konstanten sehr nützlich für die neue Definition des Kilogramms. Seit die Notwendigkeit deutlich geworden war, das vergängliche Stück Metall des Kilogramm-Prototyps durch etwas Dauerhafteres zu ersetzen, haben sich die Physiker an die Arbeit gemacht und verschiedene experimentelle Methoden entwickelt, um das Verhältnis zu nutzen, das die Masse mit *h* und *c* verbindet. Eine Maßeinheit zu konstruieren bedeutet, die Möglichkeit zu haben, sie zur Praxis zu machen. In der Tat, wenn *c* und *h* präzise bekannt sind, ist es möglich, ein Experiment zu ersinnen, das es erlaubt, mit ebenso großer Präzision die Masse zu messen und also das prototypische Kilogramm zu definieren.

Das wichtigste Instrument dabei ist die Kibble-Waage: eine Waage mit zwei Schalen, im Prinzip nicht viel anders als die von 2000 v. u. Z., nur ein bisschen technischer. Auf die eine Schale legt man die zu wiegende Menge, während die zweite die erste nicht mithilfe eines Gegengewichts ausgleicht wie bei üblichen Waagen, sondern mithilfe einer elektromagnetischen Kraft. Die Größe dieser elektromagnetischen Kraft kann mithilfe zweier Quanteneffekte mit großer Präzision gemessen werden, dem Josephson- und dem Hall-Effekt, und wird darum in Abhängigkeit von der Planck-Konstante (die in Quantenformeln allgegenwärtig ist) ausgedrückt. Wenn diese mit großer Präzision bekannt und ihr Wert festgelegt ist – was in den vergangenen Jahrzehnten mithilfe von sehr raffinierten Experimenten gelungen ist – erlaubt die Kibble-Waage eine Mengenmessung und damit eine Definition des Kilo-Prototyps, die akkurat und unabhängig von materiellen Objekten ist. Die Konstante *h* ist wirklich klein. Um genau zu sein, beläuft sich ihr Wert, ausgedrückt in Einheiten des internationalen Systems, auf 6,626070150 × 10^{-34}, eine Zahl, die wir auch – wenn der Verleger uns den Tintenverbrauch verzeiht – ausdrücken können als 0,0000000000000000000000000000 000006626070150. Im Vergleich dazu ist eine IBAN Pillepalle.

Ebendieses Maß wurde angelegt zur Definition des neuen Kilo-Prototyps, der also auf der Planck-Konstante basiert.

PAPIERSCHNIPSEL

Am 2. Mai 1945 hisste die Rote Armee auf dem Reichstag die sowjetische Flagge, kurz nachdem Hitler in seinem Bunker Selbstmord begangen hatte. Am 8. Mai ergab sich Nazideutschland. Die Aktivitäten des Manhattan-Projekts rund um Robert Oppenheimer und Enrico Fermi liefen jedoch ohne Unterbrechung weiter. Um 5:29 Uhr am Morgen des 16. Juli 1945 erhellte in der Wüste Jornada del Muerto in der Nähe der Stadt Socorro in New Mexico ein künstlicher Sonnenaufgang den Himmel. Es war der Trinity-Test, die erste Explosion einer Atombombe, der erste Test einer Technologie, die wenige Tage später Hiroshima dem Erdboden gleichmachen sollte. Beim Trinity-Test war auch Enrico Fermi zugegen:

»Am Morgen des 16. Juli war ich im Basiscamp in Trinity stationiert, etwa zehn Meilen von der Explosion entfernt. Die Explosion fand gegen 5:30 Uhr morgens statt. Mein Gesicht war durch eine große Tafel geschützt, in die ein Stück dunkles Schweißglas eingesetzt war. Mein erster Eindruck von der Explosion war das Aufblitzen eines sehr intensiven Lichts und ein Eindruck von Wärme an den Körperstellen, die frei lagen. Obwohl ich das Objekt nicht direkt ansah, hatte ich den Eindruck, dass die Landschaft plötzlich heller beleuchtet war als am helllichten Tag. Dann schaute ich durch das dunkle Glas in die Richtung der Explosion und konnte etwas sehen, das aussah wie ein Bündel Flammen, das sofort in die Höhe schlug. Nach wenigen Sekunden verloren die auflodernden Flammen an Intensität und wurden zu einer riesigen Rauchsäule, mit einem breiten Kopf wie ein riesiger Pilz, der schnell hoch in die Wolken stieg, wahrscheinlich bis auf eine Höhe von 30.000 Fuß. Nachdem er seine endgültige Höhe erreicht hatte, blieb der Rauch einen Augenblick stehen, bevor der Wind begann ihn auseinanderzutreiben.

Circa 40 Sekunden nach der Explosion erreichte mich die Luftfront. Ich habe versucht, ihre Stärke zu schätzen, indem ich aus etwa sechs Fuß [etwa 1,80 m] Höhe vor, während und nach dem Durchziehen der Druckwelle kleine Papierschnipsel fallen ließ. Da zu diesem Zeitpunkt kein Wind herrschte, konnte ich sehr deutlich und exakt die Bewegungen der Papierschnipsel beobachten und messen, die fielen, während die Explosionswelle hindurchging. Sie wurden etwa zweieinhalb Meter weit abgetrieben, was, wie ich damals annahm, in etwa der Explosion entsprach, die zehntausend Tonnen TNT auslösen würden.«

Eine Masse von 10.000 Tonnen, 10.000.000 Kilo Trinitrotoluol also. Die Schätzung Fermis, die er anhand der fallenden Papierschnipsel abgab, war nicht allzu weit von der Realität entfernt. Die Bombe setzte aber sogar die doppelte Energie frei, entsprechend 22.000 Tonnen Trinitrotoluol. Eine enorme Menge, wenn man bedenkt, dass eine der stärksten traditionellen Bomben, die im Zweiten Weltkrieg abgeworfen wurden, die Bombe namens Grand Slam, einer Energie von weniger als 10.000 Tonnen TNT entsprach. Dank Einstein hatte die Natur der Menschheit offenbart, dass Masse in Energie umgewandelt werden konnte. An diesem 16. Juli hatte der Mensch gelernt, dies auf destruktive Weise zu nutzen. Die Physik hatte ihre Unschuld eingebüßt. »Now I am become Death, the destroyer of worlds«, kommentierte der Direktor des Manhattan-Projekts, der Physiker Oppenheimer.

Zum Glück hat seitdem die Vernunft gesiegt, und wir haben die Umwandlung von Masse in Energie, die durch die Gleichung $E = mc^2$ ausgedrückt wird, nur für friedliche Zwecke genutzt, in den Kernkraftwerken zur Produktion elektrischer Energie. Die Zukunft könnte uns als eine Art positive Vergeltung eine neue Form der Umwandlung von Masse in Energie schenken, die nicht unerheblich dazu beitragen würde, die große Umweltkrise zu lösen, die wir gerade erleben. Etwas, wovon 1920 bereits Arthur Eddington träumte, während er die Sterne studierte: »Ein Stern bedient sich eines riesigen Energiespeichers, mit Mitteln, die uns unbekannt sind. Dieser Speicher kann nichts anderes sein als subatomare Energie, die, wie man weiß, in aller Materie zur Genüge vorhanden ist; manchmal träumen wir davon, dass der Mensch eines Tages lernen wird, sie freizusetzen und für seine Zwecke zu nutzen.«

Heute wissen wir, dass dieser Prozess die Kernfusion ist, der tatsächlich die Sonne und die Sterne nährt, wie Eddington vermutete. Bei der Kernfusion vereinigen sich zwei leichte Wasserstoffkerne oder seine Isotope, und in der Reaktion wandelt sich ein Teil der Masse der Reaktionspartner in Energie um. Wissenschaftler aus aller Welt versuchen, der Sonne ihr Geheimnis zu entreißen und diesen Prozess im Labor nachzubilden. Der Weg ist nicht leicht, doch einiges an Strecke wurde bereits zurückgelegt, und es besteht weiterhin die Hoffnung, dass wir in wenigen Jahrzehnten über eine Quelle für elektrische Energie verfügen werden, die sauber ist, unbegrenzt, frei von Schlacken und CO_2, ideal also, um unserem Planeten eine nachhaltige Zukunft zu garantieren.

IV.

KELVIN

PROST!

»Es ist wahr, dass wir bei näherer Betrachtung eines Glases Wein das gesamte Universum sehen.«[10] Man könnte glauben, dass ein solcher Satz gesagt wurde, nachdem sein Autor schon eine gewisse Menge solch voller Gläser aus nächster Nähe ganz genau angesehen hat. Bereits seit der Antike ist wohl bekannt, wie der Wein Trunkenheit und daraus entstehende Phantasien befördert: Archäologische Beweismittel der ersten größer angelegten Weinproduktion wurden in Georgien gefunden und werden auf das Jahr 6000 v. u. Z. datiert. Es mag also zunächst verwundern, dass diese Apologie des Weinglases eine berühmt gewordene Vorlesung des Nobelpreisträgers Richard Feynman mit dem Titel »Die Beziehung zwischen der Physik und den anderen Wissenschaften« abschließt, doch in Wirklichkeit ist die Beziehung zwischen dem Wein und der Physik – und der Wissenschaft im Allgemeinen – viel stärker, als man glaubt. In der Tat fährt Feynman fort: »Die sich drehende Flüssigkeit, welche in Abhängigkeit von Wind und Wetter verdampft; die Reflexionen im Glas, und unsere Phantasie fügt die Atome hinzu. Das Glas ist ein Destillat der Erdgesteine, und in seiner Zusammensetzung sehen wir die Geheimnisse des Alters des Weltalls und die Evolution von Sternen. Welch seltsame Anordnung von Chemikalien befindet sich im Wein? Wie sind sie entstanden? Da gibt es die Fermente, die Enzyme, die Substrate und die Produkte. Dort im Wein ist die große Verallgemeinerung zu finden: Alles Leben ist Fermentation. Niemand kann die Chemie des Weins entdecken, ohne, wie Louis Pasteur, die Ursache vieler Krankheiten zu entdecken.«[11]

Kurz, ein Glas Rotwein ist, abgesehen davon, ein reines Vergnügen zu sein, ein noch teilweise unerforschtes wissenschaftliches Labor. Als Beweis dafür kann gelten, dass nach Milliarden Verkostungen und 8.000 Jahren der Lese die detaillierte physikalische Beschreibung des Prozesses, der abläuft, wenn man ein Weinglas schwenkt, bevor man es zum Mund führt, Gegenstand eines 2010 in der angesehenen Zeitschrift *Physical Review Fluids* veröffentlichten Artikels ist, den sogar die Zeitschrift *Nature* aufgriff. Die Wissenschaftlerin Andrea Bertozzi und ihre Mitarbeiter an der University of California in Los Angeles haben tatsächlich die sogenannten Kirchenfenster oder Tränen untersucht, die an den Innenwänden eines Glases auftreten, in dem Wein geschwenkt wurde.

Nach dem Schwenken des Kelches bildet sich eine dünne Flüssigkeitsschicht auf der Innenwand, von der die Tropfen das Glas entlang hinunterfließen und sich dann wieder mit dem Wein vereinen. Das Phänomen, das den Anhängern von Bacchus gut bekannt sein dürfte, ist einer Eigenschaft als Schnittstelle zwischen zwei Flüssigkeiten geschuldet, kombiniert mit der Schwerkraft. Wenn das Glas geschwenkt wird, setzt sich der Wein an der Innenwand ab. In dieser dünnen Schicht verdunstet der Alkohol schneller als im restlichen Wein im Glas, und so entstehen zwei Flüssigkeiten mit verschiedenen chemischen Eigenschaften: der Ausgangswein und der an der Oberfläche, der einen geringeren Alkoholgehalt aufweist, da ein Teil des Alkohols so schnell verdampft ist. Zwischen diesen beiden Flüssigkeiten entsteht ein physikalischer Effekt, der die Flüssigkeit aus dem Glas Richtung Wand treibt, wo sie sich sammelt, bis sie schließlich in einer tränenähnlichen Form zurückfließt. Der Prozess wurde 1865 von dem Physiker Carlo Marangoni aus Pavia beschrieben, der eine vorherige Studie James Thomsons vertiefte und ergänzte. Es blieb jedoch die Frage offen, warum der Wein auf solch inhomogene Weise zurückfloss, in Form von Tränen, und 145 Jahre später fanden Bertozzi und ihre Gruppe die Lösung dank eines ausgeklügelten theoretischen Modells, mithilfe dessen ihnen klar wurde, dass die Weinschicht durch mikroskopische Wellenbewegungen charakterisiert wird. Diese unterschiedlichen Höhen sind es, die zusammen mit der Schwerkraft die Tränen bilden.

Da der Effekt umso deutlicher zu sehen ist, je höher der Alkoholgehalt des Weins ist, könnte man glauben, Physiker sähen in einer Flasche Amarone della Valpolicella oder Barolo nur die Gelegenheit zu einem neuen wissenschaftlichen Artikel, der das Verständnis der Kirchenfenster weiter verfeinert. Erst recht angesichts der neuesten Tendenzen der Forschungspolitik, die unter dem Motto »publish or perish« (veröffentliche oder stirb) gut zusammengefasst werden kann. Dieses Motto ruft leider dazu auf, jemandes Wert einzig und allein an der Anzahl von ihm veröffentlichter Artikel anstatt anhand deren Inhaltes zu bemessen. Zum Glück ist dem dennoch nicht so, und wieder einmal sind es die Meister wie Feynman, die uns mit den Füßen auf die Erde zurückholen, oder in diesem Fall mit den Lippen ans Glas. Seine Lektion endet tatsächlich mit den Worten: »Wenn unser kleiner Verstand aus irgendeiner Bequemlichkeit dieses Glas Wein, dieses Universum, unterteilt in Physik, Biologie, Geologie, Astronomie, Psychologie usw., dann erinnern wir uns daran, dass die Natur dies nicht kennt! Also wollen wir wieder alles zusammenfügen und endlich nicht vergessen, wozu es da ist. Lassen wir es uns noch ein letztes Vergnügen bereiten: Trinken wir es und vergessen alles!«[12]

VOM GEFÜHL ZUM MASS

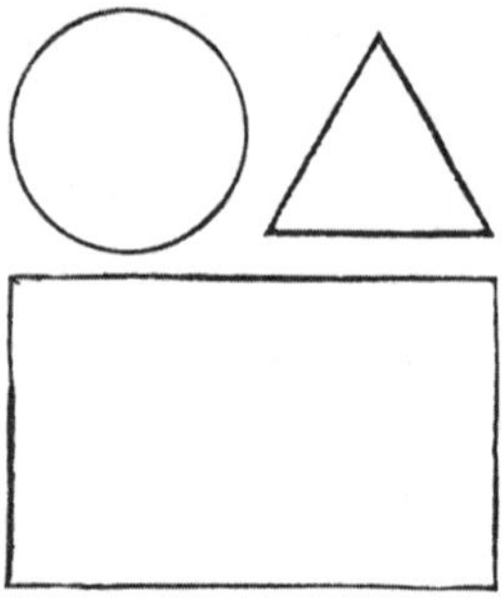

Das Aufkommen der wissenschaftlichen Revolution zwischen dem ausgehenden 16. und dem beginnenden 17. Jahrhundert brachte zwei wichtige Neuerungen in der Beschreibung von Naturphänomenen mit sich. Die erste Neuerung war die Tendenz zur Abstraktion und die Beseitigung qualitativer Beschreibungen zugunsten von mathematischen. Das ist gut zusammengefasst in den Worten, die Galileo Galilei in *Prüfer mit der Goldwaage* schrieb: »Die Naturphilosophie ist in diesem grandiosen Werk festgeschrieben, das uns ständig offen vor Augen liegt, ich spreche vom Universum, doch man kann es nicht verstehen, wenn man nicht zuerst die Sprache zu verstehen lernt und die Buchstaben, in denen sie geschrieben ist. Sie ist in der Sprache der Mathematik verfasst, die Buchstaben sind Dreiecke, Kreise und andere geometrische Figuren, ohne diese Mittel ist es nach menschlichem Ermessen unmöglich, ein Wort zu verstehen; ohne sie irren wir vergeblich durch ein Labyrinth in Dunkelheit.« Die zweite Neuerung betraf das Zurückgreifen auf das Maßnehmen als elementares Element der Naturbeschreibung. Das führte zur Entwicklung neuer Instrumente, darunter die zur Messung der Temperatur, die heutzutage eine der sieben Größen des Internationalen Einheitensystems ist und zweifellos eine der bekanntesten und meistgenutzten. Die Empfindungen und die verschiedenen Abstufungen von warm und kalt sind integraler Bestandteil menschlicher Erfahrung, und seit der Antike war man sich bewusst, wie sehr die Temperatur das Leben, die Natur und ihre Prozesse beeinflusst, am deutlichsten erkennbar am Wechsel der Jahreszeiten. Es überrascht darum nicht, dass mit Beginn der Renaissance die Thermometrie das Interesse der Wissenschaftler weckte. Die sich zu dieser Zeit auch mit Wein beschäftigten.

In der Tat wird die Erfindung des ersten Thermometers um 1592 Galilei zugeschrieben. Doch dieses war eigentlich ein Thermoskop, also ein Instrument, mit dem man die Temperaturen zweier Objekte vergleichen oder Temperaturveränderungen messen kann, das jedoch keine absoluten Werte liefert. Das Thermoskop Galileis war im Prinzip ein Glasröhrchen, das am einen Ende in einer Kugel, ebenfalls aus Glas, endete, und am anderen Ende offen war. Das Röhrchen, das teilweise mit Wasser oder Wein gefüllt war, wurde senkrecht, mit der Öffnung voraus, in einen mit derselben Flüssigkeit gefüllten Behälter gestellt, sodass sich in der Kugel Luft befand. Brachte man die Kugel dann in Kontakt mit dem Objekt, dessen Temperatur man messen wollte, konnte man beobachten, wie sich die darin enthaltene Luft zusammenzog oder ausdehnte, je nachdem, ob die Temperatur des Objekts niedriger oder höher war als die Umgebungstemperatur. Wenn sich die Luft zusammenzog, stieg das Flüssigkeitsniveau im Röhrchen; dehnte sie sich aus, entstanden Bläschen, die in die Flüssigkeit blubberten und das Niveau sinken ließen. Diese Art der Messung war bereits seit der Zeit der antiken Griechen bekannt, als Philon von Byzanz und Heron von Alexandria Luftthermoskope erfanden. Doch wie in vielen anderen Bereichen behinderte die Übermacht der aristotelischen Kultur über ein Jahrtausend lang die Weiterentwicklung der Wissenschaft.

Zu Zeiten Galileis jedoch stieg der Wunsch danach an, dass verschiedene Instrumente, wenn sie in identischen Situationen zur Anwendung kamen, dieselben Ergebnisse liefern sollten. Im Fall der Thermometrie ist die Lösung natürlich, exakt gleiche Instrumente zu verwenden – was für die Zeit aber wenig praktikabel war. Eine andere, weitaus einfachere Möglichkeit war es, die Ergebnisse der verschiedenen Instrumente durch einen Vergleichszustand sichtbar zu machen. Dem liegt das Kausalitätsprinzip zugrunde, das besagt, dass ähnliche Effekte ähnliche Ursachen haben. Im Fall der Temperatur ist die Ausgangsbeobachtung, dass ein bestimmtes Thermometer immer dasselbe Ergebnis bringt, wenn es mit verschiedenen schmelzenden Eisproben in Kontakt kommt, die in diesem Fall den Referenzwert darstellen. Von der Konstanz des Effekts – das heißt der Unveränderlichkeit der Ergebnisse – leitet sich die Konstanz der Ursache ab, und man ist so geneigt zu glauben, dass sich bei den verschiedenen schmelzenden Eisproben dasselbe Phänomen ereignet, charakterisiert durch eine konstante Temperatur. Daraus folgt: Wenn ein anderes Thermometer in das schmelzende Eis gesteckt wird, muss man dieselbe Temperatur davon ablesen, die auf dem ersten Thermometer in einer ähnlichen Situation registriert worden ist, denn dieselbe Ursache muss immer denselben Effekt haben.

Unter den Ersten, die eine Skala basierend auf Referenzzuständen benutzten, war der Venetianer Francesco Sagredo, ein Freund Galileis. Sagredo baute eine Reihe Luftthermometer, die, so sagte er, miteinander gut übereinstimmten. Darüber hinaus stellte er quantitative Messungen an und berichtete, sein Thermometer habe 360 Grad auf dem Höhepunkt der Sommerhitze angezeigt, 100 Grad im Schnee und 0 Grad in einem Gemisch aus Schnee und Salz. Es ist in der Tat bekannt, dass salzhaltiges Wasser bei einer Temperatur von unter 0 Grad Celsius gefriert. Es scheint darum folgerichtig, dass Sagredo den Schnee und die Schnee-Salz-Mischung als Referenz für die Skalierung der Temperaturwerte wählte. Die Leidenschaft und der Enthusiasmus Sagredos gegenüber den neuen Horizonten, die sich durch die Temperaturmessung auftaten, sind gut in einem Brief zusammengefasst, den er 1613 an Galilei schrieb: »Das von Ihnen höchstselbst erfundene Instrument, um die Wärme zu messen, wurde von mir auf verschiedene recht bequeme und exquisite Formen reduziert, insofern dass die Differenz der Temperierung von einem Zimmer zum anderen bis zu 100 Grad beträgt. Davon habe ich verschiedene interessante Dinge abgeleitet, wie zum Beispiel, dass die Luft im Winter kälter ist als das Eis oder der Schnee.«

Santorio Santorio, geboren 1561 in Capodistria – damals Herrschaftsgebiet der Republik Venedig – verdanken wir die Erfindung des Thermometers als Messinstrument der Körpertemperatur. Als Bekannter Galileis wurde er 1611 als Dozent für Medizin an die Universität von Padua berufen, wo bis ein Jahr zuvor auch Galilei selbst gelehrt hatte. Er war einer der Pioniere in der Anwendung quantitativer physikalischer Messungen in der Medizin, indem er jene experimentelle Methode, mit der in genau diesen Jahren Galilei die Welt der Wissenschaft revolutionierte, auf diese Disziplin ausdehnte. Inspiriert von Galileis Ergebnissen über die Pendelbewegungen, erfand er das Pulsilogium, ein Gerät für die Messung des Herzschlags. Er war auch der erste Mediziner, der die Veränderungen der menschlichen Körpertemperatur beobachtete und sie als Indikator für den Gesundheitszustand und das Auftreten von Krankheiten interpretierte. Santorio modifizierte das Luftthermometer, wobei bei einer der Versionen den Patienten die Kugel in den Mund gesteckt wurde. Für die Graduierung des Röhrchens nutzte er als Referenzzustände die Temperatur des Schnees und die Flamme einer Kerze.

EINE FRAGE DES GLEICHGEWICHTS

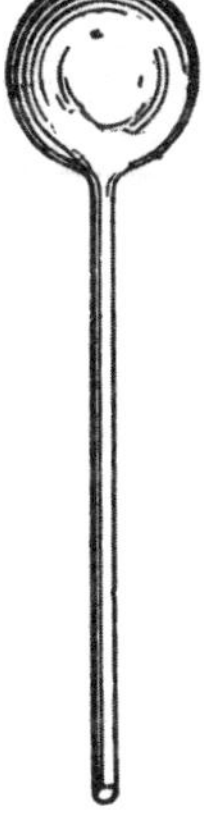

Ein handelsübliches Thermometer zum Fiebermessen ist ein hervorragendes Beispiel der physikalischen Prinzipien, auf denen die Temperaturmessung basiert. Der Ausgangspunkt hierfür ist das thermische Gleichgewicht.

Das Konzept von Gleichgewicht ist fundamental für die Physik. Allgemein ist ein System dann im

Gleichgewicht, wenn die Größen, die es beschreiben, sich nicht mit der Zeit verändern. Die Form des Gleichgewichts, die uns am besten bekannt ist, ist die des mechanischen statischen Gleichgewichts, das wir zum Beispiel erreichen, wenn wir das Handy auf dem Tisch ablegen. Das Telefon liegt still – anders gesagt, seine Position ändert sich nicht über die Zeit –, weil es keine Ursachen gibt, die es verschieben oder drehen. Das mechanische Gleichgewicht ist jedoch nicht das einzige. Die Batterie des eingeschalteten Telefons auf dem Tisch ist im mechanischen Gleichgewicht, aber sie ist nicht im chemischen Gleichgewicht. Denn in ihrem Inneren finden Reaktionen statt, die elektrische Energie produzieren und ihren Zustand verändern (sie entlädt sich). Weiterhin gibt es eine dritte Art von Gleichgewicht, nämlich das thermische, das eintritt, wenn die Temperatur eines Objekts konstant bleibt. Die Temperatur ist also die physikalische Größe, die das thermische Gleichgewicht charakterisiert. Wenn zwei Systeme unterschiedlicher Temperatur miteinander in Kontakt kommen, werden sie ein thermisches Gleichgewicht erreichen. Das heißt, ihre Temperaturen gleichen sich an, indem der wärmere Körper Wärme an den kälteren abgibt.

Das Thermometer ist ein Messinstrument, das mit einem anderen System in thermischen Kontakt tritt und mit ihm ein thermisches Gleichgewicht eingeht, indem es dieselbe Temperatur annimmt, jedoch ohne dessen Temperatur zu verändern. Damit das gelingt, muss das Thermometer so beschaffen sein, dass es das untersuchte System nicht nennenswert stört. Und so ist es auch im Fall des Fieberthermometers, das sich schnell ins Gleichgewicht mit dem menschlichen Körper bringt, ohne dessen Temperatur zu verändern. Das Thermometer muss weiterhin in der Lage sein, die Temperaturveränderung sichtbar zu machen, und das geschieht durch das, was fachlich als thermometrische Eigenschaft definiert wird. Also einen physikalischen Prozess, der sich in Abhängigkeit von der Temperatur verändert und leicht beobachtbar ist. In den traditionellen Körperthermometern ist das stattfindende Phänomen die thermische Ausdehnung der Flüssigkeit in ihrem Inneren – früher war es Quecksilber, heute ist es Alkohol oder eine Gallium-Verbindung –, und die thermometrische Eigenschaft ist ihre dadurch sichtbar werdende angezeigte Höhe. Sie entsteht dadurch, dass das Volumen eines Körpers dazu neigt, mit der Temperatur zu wachsen und seine Dimensionen zu verändern. Auch Planer von Brücken, Gebäuden oder Zugstrecken können von diesem Phänomen ein Lied singen. Die Flüssigkeitssäule im Thermometer verändert also ihre Höhe in Abhängigkeit von der Temperatur des Körpers, mit dem es in Kontakt kommt; die Temperaturmessung wird so in eine Längenmessung transformiert, die viel einfacher zu visualisieren ist. Ebenso funktioniert im Grunde auch das elektrische Körperthermometer. Dort variiert abhängig von der Temperatur ein elektrischer Widerstand, dessen Wert digitalisiert wird und auf der Anzeige des Thermometers erscheint.

KOCHENDES WASSER UND SCHMELZENDES EIS

In den Jahren, in denen Santorio der Menschheit beibrachte, Fieber zu messen, waren schwedische Wissenschaftler dabei, das zu bauen, was als eines der stärksten Kriegsschiffe der damaligen Zeit galt, die schwedische Galeone *Vasa*. Am 10. August 1628 füllte eine staunende Menge die Bänke am Hafen Stockholms, wo im Beisein des Königs das Schiff in See stach. Doch der Enthusiasmus wich bald Bestürzung. Weniger als eine Meile von ihrem Ankerplatz entfernt ging die *Vasa* plötzlich wegen ein paar eigentlich völlig harmloser Windböen unter und riss 30 Besatzungsmitglieder mit in den Abgrund. Das Schiff war bewehrt mit 64 Bronzekanonen, verteilt auf zwei Brücken. Und es war diese zweite Brücke mit Kanonen, die der König gegen den Rat der Techniker hatte haben wollen, die das Schiff zu hoch werden ließ im Vergleich zu seiner Breite. Und darum ziemlich instabil. Dazu kam, so hieß es, dass das Holzgerüst des Schiffes auf der linken Seite dicker war als auf der rechten. Einer der Gründe scheint zu sein, dass die Zimmermänner zwei verschiedene Maßsysteme verwendeten. Tatsächlich fanden Archäologen Lineale, die die Arbeiter beim Bau des Schiffes benutzten: Zwei waren in schwedischen Füßen kalibriert, die 12 Zoll maßen, während zwei andere in Amsterdamer Füßen maßen, die nur 11 Zoll lang waren.

Das Fiasko der *Vasa* ist nur einer von vielen Fällen, in denen der Gebrauch verschiedener Messinstrumente für dasselbe Projekt zu denkwürdigem Scheitern führte. Wir sprachen bereits vom Mars Climate Orbiter, der in der Atmosphäre des Mars zerschellte, weil die NASA metrische Maßeinheiten benutzt hatte und die Herstellerbetriebe angelsächsische Maße. Doch es gibt weitere ähnliche Geschichten. Zum Beispiel die vom Flug Nummer 143 der Air Canada, der am 23. Juli des Jahres 1983 auf der Strecke von Montreal nach Edmonton mit einer Menge Treibstoff betankt wurde, die fälschlicherweise in Litern statt in Gallonen bemessen worden war, sodass das Flugzeug auf einer Motorradrennbahn notlanden musste – glücklicherweise ohne Schaden für die Insassen. Einigkeit über Maßeinheiten zu erzielen ist kein leichtes Unterfangen, wie wir schon in den vorangegangenen Kapiteln gesehen haben. Und die Temperatur bildet davon keine Ausnahme, sodass die Welt sich in der praktischen Anwendung noch heute in Fahrenheit und Celsius unterteilt.

Seit der Entwicklung der ersten Thermoskope war weniger als ein Jahrhundert vergangen, als man begann, über eine universelle Skala für die Temperaturmessung nachzudenken. Zu Beginn des 18. Jahrhunderts waren Newton und Rømer die Ersten, die universelle Skalen erdachten. 1724 stellte dann aber Daniel Fahrenheit die Skala vor, die noch heute in der angelsächsischen Welt in Gebrauch ist und seinen Namen trägt. Ihm verdanken wir auch den Gebrauch von Quecksilber als thermometrische Flüssigkeit, der dank des erhöhten Expansionskoeffizienten des Metalls die Präzision der Instrumente erheblich erhöhte. Eine Quecksilbersäule dehnt sich bei einer vorliegenden Temperaturveränderung deutlich stärker aus als eine aus Wasser oder Alkohol und erlaubt so, die Temperatur selbst mit größerer Exaktheit zu visualisieren. Anfangs wählte Fahrenheit die Temperatur einer Lösung aus Wasser, Eis und Ammoniumchlorid, der er den Wert 0 zuschrieb und die mittlere Temperatur des menschlichen Körpers, die er auf den Wert 96 festlegte. Er notierte jedoch zusätzlich auch die 32 als Wert des Schmelzwassers. Heute beruht die Fahrenheit-Skala, offizielle Skala der Vereinigten Staaten, auf zwei Fixpunkten, die sich um 180 Grad (in °F) unterscheiden: der Temperatur schmelzenden Eises, festgelegt auf 32 °F, und der kochenden Wassers bei 212 °F.

Weniger als 20 Jahre später, im Jahr 1742, debütierte eine alternative Skala, die in der praktischen Verwendung vorherrschend werden sollte: die des schwedischen Astronomen Anders Celsius. In einem Artikel, der später Berühmtheit erlangen sollte, legte Celsius solide wissenschaftliche Argumente zur Verteidigung seiner Entscheidung dar, folgende zwei Fixpunkte auf der thermometrischen Skala festzulegen: die Temperatur schmelzenden Eises und kochenden Wassers unter üblichen Druckbedingungen, die er als um 100 Grad auseinanderliegend festschrieb und die heute seinen Namen tragen und mit °C bezeichnet werden. Ursprünglich wollte Celsius den Wert 100 dem Schmelzwasser zuschreiben und 0 dem kochenden Wasser, doch kurz nach seinem Tod wurde die Konvention ins Gegenteil verkehrt.

LIEBHABER EINES KÜHLEN BIERCHENS

»Fantozzi hatte es echt raus; Socken, Unterhosen, Flanellweste, Tischchen vor dem Fernseher, Zwiebel-Omelett, auf das er wild war, Liebhaber eines kühlen Bierchens, besessener Schwärmer und ungenierter Rülpser!«

Spricht man über die richtige Temperatur zum Servieren von Bier, ist eine Hommage an den großen Paolo Villaggio und das eiskalte Peroni unumgänglich. Wenn tatsächlich in den 70er-Jahren das Bier kalt getrunken wurde – man denke nur an die unvermeidlichen Kommentare über lauwarmes Bier in den Pubs, die man nach Rückkehr von einer Reise nach Großbritannien machte –, hat die enorme Entwicklung der Angebotspalette in den letzten Jahrzehnten und die daraus resultierende Verfeinerung des Geschmacks dazu geführt, dass man sich inzwischen an Serviertemperaturen von etwa 0 Grad bis beinahe 16–18 Grad Celsius gewöhnt hat, je nach Typ des Bieres. Zu dem Thema ist eine ausgiebige Literatur entstanden, und selbst eine ehrenwerte Zeitung wie das *Wall Street Journal* hat ihm Aufmerksamkeit geschenkt. Fantozzi und sein eiskaltes Peroni in allen Ehren – das Thermometer ist dennoch ein unabdingbares Instrument zur korrekten Verkostung von Bier. Und auch in diesem Fall sind die Maßeinheiten natürlich mit Vorsicht zu genießen, wenn man bedenkt, dass ein Pils in Europa bei etwa 4–6 Grad Celsius genossen werden sollte, in Amerika dagegen bei 38–45 Grad Fahrenheit. Mit offenkundigen Auswirkungen auf das Geschmackserlebnis im Fall einer Verwechslung.

Die Beziehung zwischen Temperatur und Bier ist in Wirklichkeit viel enger, was beweist, dass nicht nur der Wein eine wichtige Rolle bei dieser physikalischen Größe spielte. Die Temperatur ist in der Tat eine fundamentale Größe der Thermodynamik, jenem Zweig der Physik, der makroskopische Prozesse untersucht, die einen Energieaustausch zwischen Systemen und mit der Umwelt einschließen, die Umwandlung mechanischer Arbeit in Wärme und umgekehrt, von Wärme in mechanische Arbeit. Wärme ist eine Form von Energie. Es ist die Temperaturdifferenz zweier Körper, die den Wärmefluss zwischen ihnen kontrolliert, wobei der wärmere Körper unvermeidlich Energie an den kälteren abgibt und selbst dabei abkühlt.

Einer der Väter dieser Disziplin ist James Prescott Joule, englischer Bierbrauer aus Salford, Lancashire. Joule verdanken wir insbesondere den Beweis der Äquivalenz von mechanischer Arbeit und Wärme in den 1840er-Jahren. Beides sind Mechanismen, um einem System Energie zuzuführen. Berühmt ist das Experiment, mit dem Joule zeigte, dass die Temperatur des Wassers in einem Behältnis erhöht werden kann, indem man einen mechanischen Prozess nutzt. In dem Fall, indem man in seinem Inneren eine Art Schiffsschraube betreibt. Die mechanische Energie, die genutzt wird, um die Schraube in Bewegung zu halten, wird mittels Reibung in thermische Energie des Wassers verwandelt. Joules Arbeit bildete die Grundlage für die moderne Thermodynamik und besonders für das grundlegende Gesetz zur Energieumwandlung – dem ersten Prinzip der Thermodynamik –, das die Kalorische Theorie ablöste. Die kalorische Substanz galt als eine Art unsichtbare, immaterielle Flüssigkeit, die zwischen Körpern fließt und deren Konzentration als Grund für die höhere oder niedrigere Temperatur eines Körpers gesehen wurde. Joule dagegen zeigte, dass auch die Wärme eine Art von Energieumwandlung ist. Er erzielte seine Ergebnisse dank Temperaturmessungen von höchster Präzision, die Ergebnis seiner großen experimentellen Fähigkeiten waren, die er, wie es heißt, seiner Erfahrung als Bierbrauer verdankte und also der Vertrautheit mit der Chemie und den Instrumenten.

Auf dem Friedhof des Vorortes von Brooklands, im Süden Manchesters, ist in seinen Grabstein die Zahl 772,55 eingemeißelt; als Symbol für seine erste präzise Messung im Jahr 1878, nämlich die des Äquivalenzfaktors zwischen mechanischer Energie und Wärme (natürlich in angelsächsischen Einheiten, Pound-force ...).

DIE BIERMOLEKÜLE

°C

In einem Bierkrug sind etwa 10^{25} Moleküle enthalten. 10^{25} ist eine Schreibweise, mit der Physiker und Mathematiker eine Zahl abkürzen, die aus einer Folge von 25 Nullen besteht. Zehn Quadrillionen Moleküle in wenigen Schlucken. Wenn wir den ersten Schluck nehmen und unser Gehirn prüft, ob die Temperatur die richtige ist, kommt uns wohl schwerlich in den Sinn, dass dieser Eindruck mit jener abgründigen Anzahl von Molekülen zusammenhängen könnte. Genauer gesagt, wenn uns das Bier als zu warm erscheint gegenüber dem, was wir erwartet haben, geschieht dies, weil jene Moleküle sich schneller bewegen, als es dem optimalen Wert für unseren Geschmack entspricht. Anders ausgedrückt: Die makroskopischen thermodynamischen Eigenschaften eines physikalischen Systems, also Temperatur, Druck und Volumen, sind mit doppeltem Faden mit jenen mikroskopischen seiner Bestandteile verbunden.

Die Verbindung zwischen makroskopischen thermodynamischen Eigenschaften und mikroskopischem Verhalten der Materie wird in der kinetischen Theorie beschrieben, für die Joule einer der Pioniere war und die um 1870 vom Wiener Physiker Ludwig Boltzmann perfektioniert wurde. Das prototypische System für die kinetischen Studien ist ein Gas, beschrieben als Verbund makroskopischer Teilchen (Atome oder Moleküle) in konstanter oder schneller Bewegung im Inneren des Gefäßes, das es enthält. Der kinetischen Theorie zufolge sind Druck, Volumen und Temperatur eines Gases Folgen der Bewegung der Atome und Moleküle, aus denen es besteht. Insbesondere wird der Druck durch den Zusammenstoß der Teilchen mit der Wand des Behältnisses bestimmt, und die Temperatur des Gases ist verbunden mit der Bewegungsenergie, die die Teilchen des Gases besitzen.

Boltzmann ist die universelle physikalische Konstante k_B gewidmet, die die Temperatur der makroskopischen Welt mit der kinetischen Energie der Teilchen eines idealen Gases in der mikroskopischen Welt verbindet:

$$E = 3/2\ k_B\ T \qquad (1)$$

Diese Formel besagt beispielsweise, dass die Temperatur T des Raumes, in dem wir diese Zeilen lesen, sich proportional zur durchschnittlichen kinetischen Energie E der Luftmoleküle verhält, das heißt dem Quadrat der durchschnittlichen Geschwindigkeit der Moleküle selbst. Je wärmer die Luft, desto schneller bewegen sich die Moleküle. Die Proportionalitätskonstante zwischen Energie und Temperatur ist die Boltzmann-Konstante k_B, die im internationalen System einen Wert von $1{,}380649 \times 10^{-23}$ besitzt und wiederum eine universelle Naturkonstante darstellt. Bei Zimmertemperatur bewegen sich die Luftmoleküle mit etwa 1.800 Kilometern pro Stunde!

Die außergewöhnliche Eleganz der Physik liegt auch darin, die Verbindung zwischen dem unendlich Kleinen und der makroskopischen Welt ausdrücken zu können, zwischen einem Atom und einem Luftschiff, durch eine Formel mit wenigen Zeichen wie bei (1). Unabdingbar ist jedoch, die Temperatur darin mit einer geeigneten Skala anzugeben, die den Namen eines kleinen Flusses trägt und 1848 eingeführt wurde.

BRÜDER

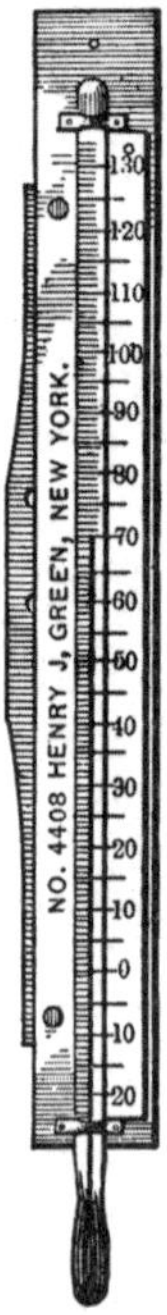

In der Geschichte der Physik finden sich auch kuriose Analogien: Wie Joule trägt auch Boltzmann eine physikalische Formel auf seinem Grabstein, genauer gesagt die Formel der Entropie, die die Verlaufsrichtung eines Wärmeprozesses kennzeichnet. Und ebenso wie die Berühmtheit von Harald Bohr als Fußballspieler nicht die seines Bruders Niels übertraf, verhielt es sich ähnlich bei den Brüdern Thomson. James und William wurden in Belfast geboren, mit zwei Jahren Abstand: James 1822 und William 1824. James wurde Wissenschaftler und Erfinder, er war es, der die Untersuchung der Kirchenfenster im Wein begann, von denen zu Beginn des Kapitels die Rede war. Doch nicht einmal ausgewiesene Önologen erinnern sich heute an ihn, da die Beschreibung der alkoholischen Tränen unter dem Namen des Italieners Marangoni, der sie perfektionierte, in die Geschichte einging. Und wie bei den Bohrs wurde nur einer der Brüder in das Pantheon der Physik aufgenommen, und es war nicht James. Wegen seiner wissenschaftlichen Errungenschaften war sein kleiner Bruder sogar der erste englische Wissenschaftler, der ins House of Lords berufen wurde, unter dem

Namen Lord Kelvin. Der Kelvin ist ein Flüsschen von 35 Kilometern Länge, das im Norden Glasgows verläuft und seine weltweite Bekanntheit dem Zufall verdankt, dass es an genau dem Laboratorium vorbeiführt, in dem William Thomson arbeitete.

Thomson war ein vielseitiger Wissenschaftler und involviert in die Verlegung des ersten transatlantischen telegrafischen Unterseekabels. Seine Bekanntheit verdankt er jedoch hauptsächlich der Thermodynamik, und ihm verdanken wir die Einführung der Temperaturskala, die seinen Namen trägt, im Jahr 1848. Obwohl sie im praktischen Gebrauch nicht genauso bekannt ist wie die Skalen von Celsius und Fahrenheit, ist die Kelvin-Skala doch grundlegend für die Thermodynamik. Im Gegensatz zu den beiden anderen Skalen definiert sich die Kelvin-Skala unabhängig von den Eigenschaften einer Substanz wie dem Wasser oder dem menschlichen Körper. Die Einteilung der Einheiten der Kelvin-Skala ist identisch mit der von Celsius, doch statt den Nullpunkt auf die Temperatur von schmelzendem Eis festzulegen, nimmt Kelvin den kältest möglichen Punkt der Materie. Nichts kann kälter sein als der absolute Nullpunkt, der –273,15 °C entspricht, was wiederum eine Teilchen-Bewegungsenergie von null meint, also totale Ruhe: Weniger Bewegung geht nicht! Die Kelvin-Skala ist darum eine absolute Skala, die den Betrag der Bewegungsenergie der mikroskopischen Bestandteile der Materie beschreibt, der Atome und Moleküle. In diesem Sinne ist die in Kelvin ausgedrückte Temperatur genau die, die in der Formel $E = 3/2\ k_B\ T$ zum Tragen kommt, von der wir im vorigen Absatz sprachen.

Das Kelvin (angegeben mit K) ist die Grundeinheit für die thermodynamische Temperatur seit 1954, als die Generalkonferenz für Maß und Gewicht es so festsetzte. Um eine Maßeinheit in der Praxis umzusetzen, braucht es jedoch eine experimentelle Methode. Für die Temperatureinheit sieht die Versuchsanordnung nicht vor, 1 Kelvin zu erreichen, sondern 273,16 Kelvin. Das gelingt, indem man einen Referenzpunkt von 273,16 Kelvin beim Tripelpunkt des Wassers ansetzt. Der Tripelpunkt ist dort, wo das Wasser in seinen drei Phasen im thermischen Gleichgewicht ist: fest, flüssig und gasförmig. Das ist ein valider universeller Standard, weil bei einem gegebenen Druck der Tripelpunkt immer bei exakt derselben Temperatur auftritt, die genau bei 273,16 Kelvin liegt. Bis 2019 war 1 Kelvin also definiert als »der Bruchteil 1/273,16 der thermodynamischen Temperatur des Tripelpunkts des Wassers«.

Wie für die anderen Einheiten änderte sich alles mit der Revision des internationalen Systems in Bezug auf universelle physikalische Konstanten. In dem Versuch, alle grundlegenden Maßeinheiten unter Zuhilfenahme universeller physikalischer Konstanten zu definieren, wurde 2018 das Kelvin mithilfe der Boltzmann-Konstante neu berechnet, die inzwischen mit großer Präzision festgelegt war. Heute ist das Kelvin also definiert unter der Annahme, dass der fixe numerische Wert der Boltzmann-Konstante *kB* gerade den Wert 1.380649×10^{-23} kg m2 s^{-2} K^{-1} beträgt, wobei Kilogramm, Meter und Sekunde auf der Grundlage der fundamentalen Konstanten stehen, die wir bereits beleuchtet haben. Obgleich er das Kelvin nicht mehr definiert, bleibt der Tripelpunkt des Wassers trotzdem eine einfache und praktische Methode, um die Thermometer zu kalibrieren.

Kelvin ist die Maßeinheit für Temperatur, die in der Physik universell zum Einsatz kommt. Doch im Alltagsleben und bei vielen praktischen Anwendungen hat die Celsius-Skala die Nase vorn. Sei es aus Tradition, sei es wegen der Eleganz und der Einfachheit zweier einfach erinnerbarer Fixpunkte wie der 0 für das gefrorene Wasser und der 100 für das kochende, sei es, weil viele der Temperaturen, mit denen wir täglich umgehen, so in kleinen Zahlen ausgedrückt werden, die wir tendenziell bevorzugen – die Celsius-Skala wird jedenfalls heute praktisch in der ganzen Welt benutzt. Nur die Vereinigten Staaten, einige Inseln im Pazifik, die Kaiman-Inseln und Liberia nutzen Fahrenheit als offizielle Temperaturskala.

EIN UNERREICHBARES ZIEL

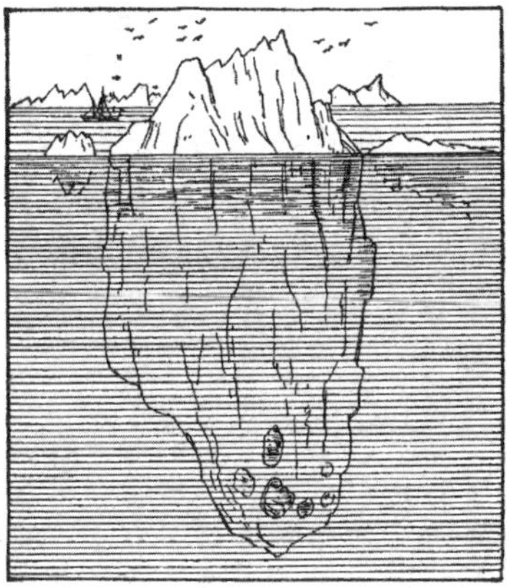

Der Rekordwert der kältesten, je in Italien aufgezeichneten Temperatur sind die −49,6 °C, die am 10. Februar 2013 in der Doline Busa Fradusta auf der Hochebene Pale di San Martino in Trentino-Südtirol gemessen wurden. Das mag euch kalt vorkommen, ist jedoch nichts verglichen mit dem Weltrekord aus der Antarktis. Am 21. Juli 1983 wurde in der russischen Wostok-Station eine Temperatur von −89,2 °C registriert. Doch auch das ist alles in allem als mild zu bezeichnen gegenüber den −240 °C, die die Raumsonde Lunar Reconnaissance Orbiter der NASA in einem Krater nahe dem Südpol des Mondes maß. Doch selbst diese −240 °C sind noch ein gutes Stück vom absoluten Nullpunkt entfernt. Nur in speziellen Laboratorien erreicht man Bedingungen, die ihm sehr nahekommen. Beispielsweise wurde 2014 in den Laboratori Nazionali del Gran Sasso des Istituto Nazionale di Fisica Nucleare in Rom eine Temperatur von sechs Millikelvin erreicht, ein beachtlicher Wert, wenn man bedenkt, dass er in einem Volumen von einem Kubikmeter entstand. In deutlich kleineren Volumen werden noch wesentlich niedrigere Temperaturen erreicht, wenige Hundertmilliardstel Kelvin über dem absoluten Nullpunkt.

Das Interesse der Physik für die Temperaturen nahe dem absoluten Nullpunkt liegt darin begründet, dass das Verhalten der Materie unter diesen Bedingungen ein ganz anderes ist. Bei diesen Temperaturen erfahren die thermischen, elektrischen und magnetischen Eigenschaften vieler Substanzen einige Veränderungen. Zwei wichtige Phänomene, die sich unterhalb bestimmter kritischer Temperaturen ereignen, sind die Supraleitung und die Suprafluidität. Supraleitende Materialien setzen dem Elektrizitätsfluss praktisch keinen Widerstand entgegen und werden darum beispielsweise dort benutzt, wo es notwendig ist, sehr starke Magnetfelder zu erzeugen, wie etwa in dem Teilchenbeschleuniger LHC des CERN. Der LHC besitzt über 1700 Magneten, die die Teilchen auf die korrekten Bahnen bringen, alle bestehend aus supraleitendem Material und einige von ihnen bis zu 28 Tonnen schwer.

Der absolute Nullpunkt ist dennoch ein theoretisch unerreichbares Ziel. Das dritte Prinzip der Thermodynamik besagt in der Tat, dass es, je weiter man sich dem absoluten Nullpunkt nähert, immer schwieriger wird, einem Körper Wärme zu entziehen – ihn also abzukühlen –, und dass es darum mittels einer endlichen Energie innerhalb einer endlichen Zeitspanne unmöglich ist, den absoluten Nullpunkt zu erreichen. Nimmt man jedoch die Quantenphysik hinzu, entwickelt sich die Gewissheit der klassischen Mechanik zum Wahrscheinlichkeitskonzept. Die Heisenbergsche Unschärferelation besagt, dass ein Experiment, so akkurat es auch ausgeführt wird, niemals zur exakten und gleichzeitigen Bestimmung der Position und Geschwindigkeit eines Teilchens führen kann, oder genauer gesagt, seines durch das Produkt aus Geschwindigkeit und Masse gegebenen Impulses. Dieselbe Unschärferelation setzt auch der Genauigkeit eine Grenze, mit der die Energie eines Systems während einer gewissen Beobachtungszeit bestimmt werden kann.

Anders gesagt: Das Produkt aus der Präzision ΔE, mit der die Energie eines Systems ΔE gemessen werden kann, und der

Dauer des Zeitintervalls Δt, während dessen die Messung stattfindet, kann eine gewisse Grenze nicht unterschreiten. Es gilt die Beziehung $\Delta E \times \Delta t \geq h/4\pi$, wobei h die Planck-Konstante ist, von der wir in den vorangegangenen Kapiteln sprachen. Festzustellen, dass ein System sich auf der Temperatur des absoluten Nullpunkts befindet, würde also bedeuten, mit absoluter Präzision sicherzustellen, dass seine Energie bei null liegt ($\Delta E = 0$). Etwas, das nur möglich wäre, indem man eine irreale Zeitspanne von unbegrenzter Beobachtungszeit annimmt. Aus einem anderen Blickwinkel betrachtet, würde die Tatsache, dass ein Objekt sich am absoluten Nullpunkt befindet, bedeuten, dass jedes seiner Atome an einem bestimmten Ort vollständig zum Stillstand gekommen ist. Das wiederum würde bedeuten, die exakte Position und den Impuls dieses Atoms festzumachen, was wiederum in Widerspruch zur Quantenmechanik steht.

HEISSER ALS DIE SONNE

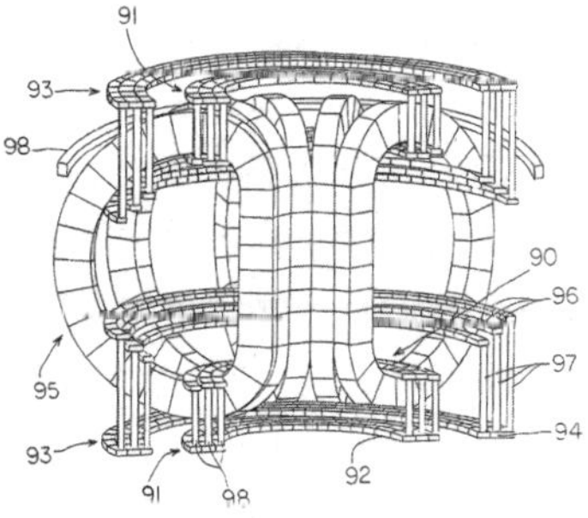

Am 2. März unternahm das Überschallflugzeug Concorde seinen Jungfernflug. Auf der Höhe, in der es flog, etwa 17.000 Meter über dem Meeresspiegel, lag die Temperatur bei etwa 57 Grad Celsius unter 0. Am 20. Juli setzte der Mensch zum ersten Mal einen Fuß auf die Mondoberfläche, und während des Aufenthaltes von Armstrong und Aldrin schwankte die Temperatur zwischen –23 und 7 °C. Am 15. August nahm der Schlamm von Woodstock zu den Klängen von Joan Baez, Janis Joplin und vielen anderen eine ganze Genera-

tion Jugendlicher auf. Die Tagestemperatur an jenen Tagen lag bei etwa 28 °C, und sie sank auf etwa 12 °C in der Nacht. Wir sprechen natürlich vom Jahr 1969. Im Frühling jenes Jahres brach ein spärliches Grüppchen englischer Wissenschaftler nach Moskau auf, im Gepäck ein Thermometer, mit dem sie eine Temperatur von zehn Millionen Grad messen wollten. Ein Thermometer, das mitten im Kalten Krieg zeigte, wie die Wissenschaft selbst in den dunkelsten Zeiten ein Instrument für den Frieden sein kann.

In jenen Jahren war die Spannung zwischen den beiden Blöcken, dem westlichen und dem sowjetischen, auf einem Höhepunkt angelangt, und das Rennen um die nukleare Aufrüstung ging ungebremst weiter. Allein zwischen 1960 und 1969 hatten die UdSSR und die USA 660 Atombombentests unternommen, und die Welt lebte im Gleichgewicht des Schreckens. Parallel zur militärischen Forschung entwickelte sich jedoch auch die zur friedlichen Nutzung der Kernenergie weiter. Der erste Prozess, der untersucht und in die Praxis umgesetzt wurde, war die Kernspaltung, bei der ein schwerer Atomkern, der von einem Neutron getroffen wird, sich spaltet und so Energie freisetzt. 1951 ging in den Vereinigten Staaten EBR-I in Betrieb, ein Versuchsreaktor, der als weltweit erster Kernreaktor elektrische Energie erzeugte. Die Elektrizität, die EBR-I erzeugte, konnte gerade einmal vier 200-Watt-Birnen zum Leuchten bringen, doch es war ein historisches Ereignis. In der Sowjetunion ging am 27. Juni 1954 der erste zivil genutzte Kernreaktor ans Netz, der den bedeutungsvollen Namen »Atom Mirny« (Friedliches Atom) erhielt. Ein Jahr später, in Arco, Idaho, war der Reaktor Borax-III bereits in der Lage, eine ganze Kleinstadt zu versorgen. 1962 gingen die ersten Kernreaktoren in Frankreich und Italien ans Netz.

Gleich nach dem Krieg hatten jedoch auch die Studien zu einem zur Kernspaltung alternativen Prozess an Fahrt aufgenommen: zur Kernfusion. Wie wir im Abschnitt über das Kilogramm gesehen haben, kommen sich in diesem Fusionsprozess zwei leichte Kerne von Wasserstoff-Isotopen so nahe, dass sie sich mithilfe der Kernkraft vereinigen. Bei der Reaktion wird ein Teil der Masse der Reaktanten in Energie umgewandelt. Wie bei der Kernspaltung ist die Energie, die bei einer einzigen Reaktion freigesetzt wird, viel größer als die, die sich mit normalen chemischen Verbrennungsreaktionen erzielen lässt, und man produziert kein CO_2. Der enorme Vorteil der Kernfusion besteht darin, dass kein langlebiger radioaktiver Abfall entsteht, der Prozess an sich sicher ist und das Brennmaterial (Wasser und lithiumhaltiges Gestein) im Grunde genommen unbegrenzt vorhanden sind. Es ist keine Überraschung, dass Forschungen in diesem Bereich von großer strategischer Bedeutung sind. Im Kalten Krieg war der Wettbewerb zwischen den beiden Blöcken in diesem Bereich deshalb äußerst hoch. Über eine derartige Energiequelle zu verfügen hätte einen enormen wirtschaftlichen und politischen Vorteil bedeutet. Darum also war, als im Sommer 1968 bei der dritten internationalen Konferenz über Plasmaphysik und Kontrollierte Kernfusionsforschung, organisiert von der International Atomic Energy Agency der UNO, die Sowjets verkündeten, die Temperaturen des Brennstoffes bei ihrem Experiment hätten zehn Millionen Kelvin erreicht, vielen im Westen der kalte Schweiß ausgebrochen.

Der Grund für die ganze Aufregung lag eben in der Physik der Kernfusion. Für den Prozess ist es notwendig, die beiden Kerne der Wasserstoff-Isotope auf sehr hohe Temperaturen zu erhitzen, um die natürliche Abstoßung auszuschalten, die zwischen ihnen existiert. Es haben nämlich beide eine positive elektrische Ladung und neigen dazu, sich abzustoßen. Wenn sie sich jedoch nahe genug kommen, wirkt auf sie der verbindende Sog der Kernanziehungskraft. Um sie dafür nahe genug zueinanderzubringen, ist es nötig, sie auf Millionen Kelvin zu erhitzen, um so die Bewegungsenergie der Teilchen zu nutzen.

Bei hohen Temperaturen bewegen sich die Kerne sehr schnell und haben genug kinetische Energie, um die Abstoßungsbarriere zu durchbrechen. Bei diesen Temperaturen erreicht das Material den sogenannten Plasmazustand, ein ionisiertes Gas, das den Brennstoff der Fusion darstellt. Die Wissenschaftler setzen darauf, das Plasma der zukünftigen Kernfusionsreaktoren bis auf 150 Millionen Grad zu erhitzen, eine Temperatur, die höher ist als die im Inneren der Sonne.

Für das Plasma benötigt man einen geeigneten Behälter, der die hohe thermische Ladung aushalten kann und dessen Wände die Eigenschaften des Plasmas nicht beeinflussen. Darum haben die Physiker, die an der Kernfusion arbeiten, spezielle ringförmige Behälter aus Stahl entwickelt, in denen das Plasma von einem starken Magnetfeld eingeschlossen ist. Das Magnetfeld übt eine Kraft auf die geladenen, sich bewegenden Teilchen aus, aus denen das Plasma besteht, und hält sie von den Wänden fern.

Eines der wichtigsten Experimente der 60er hieß T-3 und wurde am Kurtschatow-Institut in Moskau durchgeführt. Dabei verwendeten die sowjetischen Forscher eine besondere Form des Magnetfeldes, die wenige Jahre zuvor von ihren Landsleuten Andrej Sacharov und Igor Tamm ersonnen worden war, genannt Tokamak. Nach einigen Jahren des Experimentierens verkündeten die Wissenschaftler 1968, das Plasma im T-3 bis auf zehn Millionen Kelvin erhitzt zu haben. Wenn man noch weitere Parameter des Plasmas in Betracht zieht, handelte es sich um ein spektakuläres Ergebnis, das den Sowjets die einstweilige Vormachtstellung in einem strategisch so wichtigen Gebiet einräumen sollte. Trotz der politischen Spaltungen jener Zeit waren die Wissenschaftskanäle zwischen Ost und West glücklicherweise offen geblieben. So wurde, im besten wissenschaftlichen Geiste, der Vorschlag einer unabhängigen Bewertung gemacht. Die sowjetischen Physiker, die sich des Wertes ihrer Ergebnisse bewusst waren, luden die britischen Kollegen aus dem Labor in Culham ein, um die Temperatur ihres Experimentes eigenhändig zu messen. Abgesehen davon, dass sie die »Konkurrenz« waren, verfügten die Engländer über ein sehr spezielles Thermometer, denn sie waren Experten in der Messung der Plasmatemperatur mithilfe des kürzlich erfundenen Lasers.

Auf dem Gipfel des Kalten Krieges handelte es sich dabei um einen gewagten und keinesfalls einfach durchführbaren Vorschlag. Die Widerstände und die politischen sowie diplomatischen Schwierigkeiten waren beachtlich, doch beide Seiten versprachen sich großen Nutzen von der Unternehmung. Für die Sowjets würde es die Bestätigung ihrer Messungen und ihrer Vormachtstellung bedeuten. Für die Engländer dagegen ein spektakuläres Versuchsfeld und eine internationale Bühne für ihre angewandte Physik, besonders für ihre Technik zur Temperaturmessung, bekannt als Thomson Scattering, die sie just in jenen Jahren perfektionierten. Dabei handelt es sich um keine einfache Messung – sie basiert auf der Vermessung des Laserlichts, das die sich bewegenden Elektronen im Plasma abstrahlten.

Trotz aller Vorbehalte und Komplikationen fand die Mission statt. Die Gruppe englischer Wissenschaftler brach nach Moskau auf, begleitet von fünf Tonnen Instrumenten. Nach wochenlanger Vorbereitung hatten die Messungen Erfolg und bestätigten, was die sowjetischen Kollegen im Jahr zuvor berichtet hatten. Dies ebnete der Tokamak-Konfiguration den Weg zum internationalen Durchbruch. Innerhalb weniger Monate wandelten die Vereinigten Staaten ihren Hauptforschungsreaktor im Labor von Princeton in einen Tokamak um und erzielten bald ähnliche Resultate. In kurzer Zeit wurde der Tokamak zum Protagonisten der weltweiten Forschung zur kontrollierten thermonuklearen Fusion.

Und die Wissenschaft bewies ihre Fähigkeit, Mauern einzureißen.

V.

DAS AMPERE

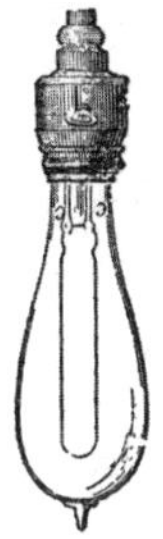

VOILÀ ... VOLTA

Als er begann, mit dem Fingernagel die letzten Buchstaben der Inschrift zu entfernen, die den Lorbeerkranz schmückte, war mehr als einer schockiert. Immerhin befanden sie sich in der Bibliothek der Académie des Sciences des Institut de France in Paris, und jene Inschrift war niemand Geringerem gewidmet als Voltaire. Es scheint jedoch, dass niemand die Kühnheit besaß, den Premier Consul Napoleon Bonaparte zu tadeln, auch weil seine Tat im Endeffekt kein willkürlicher Akt des Vandalismus war, sondern eine Ehrung des italienischen Physikers Alessandro Volta, für den der zukünftige Kaiser eine große Bewunderung hegte. Dank der Streichung wurde aus der Inschrift »Dem großen Voltaire« stattdessen »Dem großen Volta«. Über den Wahrheitsgehalt dieser Anekdote, die Victor Hugo in seinem *Shakespeare* erzählt, lässt sich streiten, da es keine weiteren Zeugenberichte gibt. Sicher ist jedoch das Ansehen, das Volta bei Bonaparte genoss, der ihn mit einer Medaille der Akademie der Wissenschaften auszeichnete, ihn 1809 zum Senator des neu gegründeten Königreiches Italien ernannte und ihm den Grafentitel verlieh.

Diese große Ehre war seiner exzellenten wissenschaftlichen Laufbahn geschuldet, doch vor allem der Erfindung der elektrischen Batterie. Volta, der 1745 in Como geboren wurde, war in der Tat ein Pionier der Erforschung elektrischer Phänomene – deren systematische Untersuchung in der Welt der Wissenschaft genau in jenen Jahren begann. 1799 entwickelte er die Batterie, den ersten elektrischen Generator, der durch geeignete Reaktionen chemische Energie in elektrische Energie umwandelte. Man denke nur an die Menge von Batterien, die wir in den verschiedensten Situationen benutzen, und an ihre wachsende Bedeutung in einer zukünftigen Elektro-Ökonomie, um die Bedeutung der Erfindung des Physikers vom Comer See zu begreifen. Eine Bedeutung, die von Einstein selbst erkannt wurde, der 1927 anlässlich des 100. Todestages Voltas die Batterie, so heißt es, als »Grundlage aller modernen Erfindungen« bezeichnete.

DER FEHLENDE BUCHSTABE

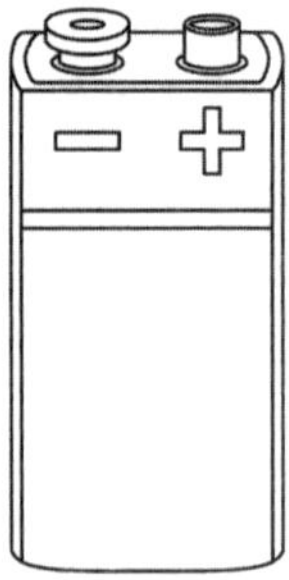

Auf dem Corso Re Umberto in Turin an der Hausnummer 60 erinnert ein Stein an das Haus, wo derjenige das Licht der Welt erblickte, der »die Alltäglichkeit des Schreibens« revolutionierte. Gemeint ist Marcel Bich, der 1914 in der Piemonteser Stadt geboren wurde und später mit der Familie nach Frankreich zog. Dort kaufte und verbesserte er nach dem Zweiten Weltkrieg das Patent des ungarischen Erfinders Bíró, auf dessen Grundlage er die industrielle Produktion dessen startete, was das wahrscheinlich bekannteste und verbreitetste Schreibinstrument der Welt werden sollte: der Bic-Kugelschreiber.

László József Bíró erfand in der Tat den Stift, der Bichs Namen trägt. Dieser erlaubte eine größere Unabhängigkeit als der Füllfederhalter und war vor allem nicht von häufigen Nachfüllaktionen abhängig. Der Stift Bírós fand sofort einen Käufer in der britischen Royal Air Force. Füllfederhalter waren tatsächlich ungeeignet für das Fliegen, denn sie liefen leicht aus, während die neuen Kugelschreiber – von der Royal Air Force »Eterpen« genannt – ideal waren für schnelle Notizen der Piloten. Dem ungarischen Erfinder gelang es jedoch nicht, größere Märkte zu erschließen. Bich hingegen gelang genau das, auch dank der vorgenommenen Verbesserungen am Kugelschreiber wie dem transparenten Gehäuse, das erlaubte, in jedem Moment den Tintenstand zu kontrollieren.

Bich und Volta haben eine weltweite Bekanntheit ihrer Namen gemein, die jedoch weniger häufig mit ihrer Person und ihrer Geschichte in Verbindung gebracht wird als mit ihren Erfindungen. Die Zeitung *The Guardian* hat geschätzt, dass seit den 1950er-Jahren in etwa 100 Milliarden Bic-Stifte produziert worden sind, was ausreichend wäre, um etwa 320.000 Mal eine Linie hin und zurück zwischen Erde und Mond zu ziehen. Es ist nicht übertrieben zu sagen, dass beinahe jeder Bewohner des Planeten Erde wenigstens einmal im Leben einen Bic-Stift in der Hand gehalten hat, von denen nur ein Bruchteil, zweifellos eine Minderheit, einen Gedanken an das fehlende »h« des Piemonteser Erfinders verschwendet hat. Die internationale Energieagentur (IEA) hingegen schätzt, dass etwa 90 Prozent der Weltbevölkerung Zugang zu elektrischer Energie haben, was bedeutet, dass etwa sieben Milliarden Menschen zumindest einmal etwas von Volt gehört haben, der Maßeinheit der elektrischen Potentialdifferenz, landläufig definiert als Spannung.

Es ist eben das Auftreten einer Differenz des elektrischen Potentials zwischen zwei Punkten eines Systems aus elektrischen Leitern (einem elektrischen Stromkreis), der es den in den Leitern enthaltenen elektrischen Ladungen erlaubt, sich durch den Stromkreis zu bewegen und so einen elektrischen Strom zu erzeugen. Jener elektrische Strom bringt typischerweise die an den Kreislauf angeschlossenen Apparate zum Funktionieren, egal, ob Glühbirne, Radio, PC, Handy oder Zitruspresse. Um die elektrische Energie auf diese Weise durch ganz Italien zu transportieren, werden bis zu 380.000 Volt angelegt. Hohe Potentialdifferenzen (Spannungen) sorgen für effizientere Übertragung, doch für den Hausgebrauch wird die Voltzahl mithilfe von Transformatoren auf 220 minimiert, einen viel handhabbareren Wert, der in einem Großteil der Welt üblich ist. Nicht allerdings in Nordamerika – dort liegt der Standard bei 120 Volt. Eine übliche AA-Batterie liefert eine Potentialdifferenz von anderthalb Volt, eine Autobatterie dagegen zwölf. Das Volt ist also eine Maßeinheit, mit der alle über kurz oder lang konfrontiert sind. Doch wie im Fall von Bich ist es wahrscheinlich, dass die Mehrzahl der Verbraucher elektrischer Energie auf der Welt nicht auf dem Laufenden ist, was die Eliminierung eines Buchstaben aus dem Nachnamen Voltas betrifft (überall, außer in Italien).

Ob man sich der Ursprünge des Volts nun bewusst ist oder nicht, bleibt dennoch die Tatsache, dass wenn in der Zeitung von Elektrizität die Rede ist, das Volt die wahrscheinlich bekannteste Einheit neben der Kilowattstunde darstellt (Volt hauptsächlich aus Sicherheitsgründen, die Kilowattstunde aus wirtschaftlichen). Die Kilowattstunde ist in der Tat die Maßeinheit, die benutzt wird, um den Verbrauch elektrischer Energie zu quantifizieren, die uns dann in Rechnung gestellt wird. In der Alltagssprache hat das Volt also eine ähnliche Verbreitung wie das Kilogramm, der Meter und die Sekunde. Doch anders als beim Volt stimmt für diese drei die öffentliche Bekanntheit mit der wissenschaftlichen überein, da sie auch grundlegende Maße des internationalen Einheitensystems darstellen.

DER EIFFELTURM

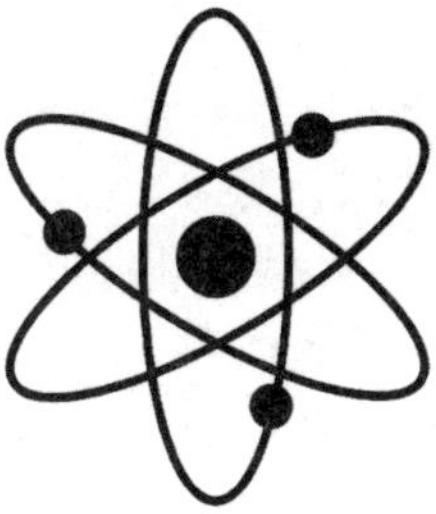

Während die Berühmtheit, die Volta dank der Ausradierung der letzten Buchstaben Voltaires erlangte, nichts weiter ist als eine Anekdote, ist die André-Marie Ampères wesentlich solider, nachdem sein Nachname zur unvergänglichen Erinnerung – gemeinsam mit denen weiterer 71 illustrer französischer Wissenschaftler – unter dem Balkon im ersten Stock des Eiffelturms eingraviert steht. Eine wohlverdiente Position, nachdem Ampère, 1775 geboren in Lyon, einer der Pioniere der Erforschung des Elektromagnetismus war. Ihm, der sowohl im Bereich der experimentellen Physik als auch in der Mathematik brillierte, verdanken wir grundlegende Erkenntnisse zum Verständnis elektromagnetischer Felder. Seine mathematischen Fähigkeiten wurden auch in einem Jugendwerk deutlich, *Considérations sur la théorie mathematique du jeu,* in dem er zeigte, dass ein Spieler unweigerlich zum Verlieren gegen die Bank verdammt war in einem Spiel, das auf Wahrscheinlichkeiten basierte.

Zusätzlich zur in den Stahl des Eiffelturms gekerbten Berühmtheit haben die Entdeckungen Ampères ihm auch die Ehre einer gleichnamigen Maßeinheit eingetragen, dem Ampere (ohne Akzent), die eine der sieben Maßeinheiten des internationalen Einheitensystems darstellt. Die elektrischen und magnetischen Phänomene sind abhängig von elektrischen Ladungen und Strömen. Auf mikroskopischer Ebene besitzt die Materie eine Eigenschaft, die elektrische Ladung, die auf makroskopischer Ebene nur selten sichtbar wird. Nehmen wir ein Atom: Es besteht aus einem Kern, der seinerseits aus Teilchen besteht, die wir Protonen und Neutronen nennen, und aus Elektronen, die im semiklassischen (teils klassisch mechanischen, teils quantenmechanischen) Bohr'schen Atommodell um den Kern kreisen (wir haben im Kapitel zum Meter davon gesprochen). Protonen und Elektronen unterscheiden sich durch ihre Masse (ein Proton ist circa 1836 Mal schwerer als ein Elektron), aber auch aufgrund einer anderen Eigenschaft, der elektrischen Ladung. Das Proton ist positiv geladen, während das Elektron eine ebenso große, aber negative Ladung aufweist. Das Neutron dagegen besitzt keine elektrische Ladung. Das ist der Ursprung vieler grundlegender Eigenschaften der Materie: Teilchen mit einer Ladung desselben Vorzeichens stoßen sich ab, während solche mit entgegengesetzter Ladung sich anziehen. Auf makroskopischer Ebene ist all das schwierig zu sehen, weil die einzelnen Atome eine ausgewogene positive und negative Ladung aufweisen und die Körper also typischerweise elektrisch neutral sind.

Bewegen sich die elektrischen Ladungen, entsteht Strom. Wenn wir eine Batterie in eine Taschenlampe einsetzen, werden die Elektronen durch die Potentialdifferenz (die anderthalb Volt, von denen oben die Rede war) in Bewegung versetzt und zirkulieren durch die Kupferdrähte und die Glühbirne der Taschenlampe. Es ist ebendieser elektrische Strom, der die Glühbirne zum Leuchten bringt, so wie der elektrische Strom, der durch die Drähte von der Steckdose zum Kühlschrank fließt, diesen zum Laufen bringt. Elektrische Ladungen und Ströme sind fundamental wichtig in der Physik und für die technischen Anwendungen, auch weil sie Quellen der omnipräsenten elektrischen und magnetischen Felder sind. Es ist also nicht überraschend, dass die wichtigste Maßeinheit für die elektrischen Phänomene die des elektrischen Stroms ist, das Ampere. So bekannt unter den Wissenschaftlern wie unbekannt in der breiten Öffentlichkeit.

Während (beinahe) alle wissen, dass zwischen den beiden Polen einer häuslichen Steckdose 220 Volt Spannung anliegen und das Handyladegerät die Batterie mit einer Spannung von fünf Volt auflädt, sind sich wahrscheinlich nur wenige bewusst, dass ein übliches laufendes Haushaltsgerät einige Ampere elektrischen Stroms schluckt und im Kreislauf des Smartphones etwa ein Zehntel Ampere zirkuliert. Und doch ist der Differentialschalter gerade dank der Messung des elektrischen Stroms in der Lage, unsere Haushaltsgeräte zu schützen, und rettet uns zuweilen buchstäblich das Leben. Und es wird ein elektrischer Strom von einigen Millionen Ampere sein, der in naher Zukunft einen grundlegenden Beitrag zur Eindämmung der globalen Erwärmung leisten wird.

WUNDER DER WISSENSCHAFT

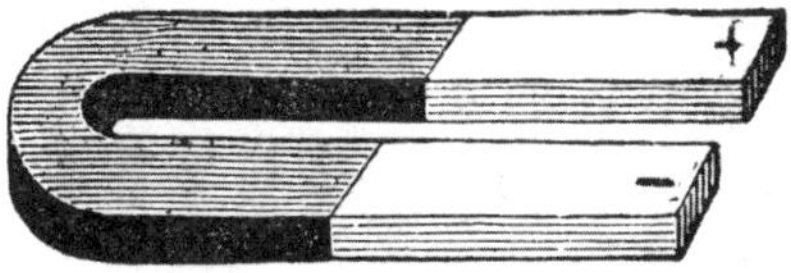

»Schließlich will ich doch auch das Gesetz der Natur hier erörtern, Welches sich wirksam erweist in dem eisenanziehenden Steine, den man Magneten benennt mit seinem griechischen Namen, weil als sein Fundort gilt das Heimatland der Magneten. Seltsam scheint dem Menschen der Stein. Da hängt sich bisweilen Ring an Ring an ihn an und reihet sich also zur Kette.«[13]

Der Absatz stammt aus dem sechsten Buch von *De rerum natura*. Wir befinden uns im 1. Jahrhundert. v. u. Z., und Titus Lucretius Carus, lateinischer Dichter und Philosoph, erzählt uns, welches Aufsehen damals die elektromagnetischen Phänomene erregten. Ähnliche Berichte finden sich auch in der *Naturalis historia* von Plinius dem Älteren. Dass einige Manifestationen von Elektrizität und Magnetismus den alten Griechen wohlbekannt waren, wird von mehreren Quellen bestätigt; darunter Platon, der in *Timeo* (geschrieben ca. 350 v. u. Z.) berichtet: »Ja, auch bei allen Flüssigkeitsströmungen, ferner beim Herabfahren des Blitzstrahls und dem Verwunderung erregenden Anziehen des Bernsteins und der Herakleischen Steine.«[14]

Magnetische Steine waren also bekannt, aber man wusste auch – wie wir bereits gesehen haben –, dass ein Stück Bernstein, das man mit einem Wolltuch reibt, in der Lage ist, leichte Gegenstände anzuziehen. Ein Phänomen, das noch heute Physikstudenten vorgeführt wird und das auf den elektrostatischen Kräften beruht, auf Kräften unbewegter elektrischer Ladungen also.

Es dauerte jedoch noch mindestens zwei Jahrtausende, bis der Elektromagnetismus ganz enträtselt war und seine Beschreibung in einer kohärenten Theorie kodifiziert wurde. Zwischen dem 18. und dem 19. Jahrhundert erforschten Wissenschaftler wie Volta, Ampère, Ørsted, de Coulomb, Faraday, Maxwell und andere die Elektrizität und den Magnetismus, bis zur Entstehung der vier fundamentalen Maxwell-Gleichungen, die die Beziehungen zwischen elektrischen und magnetischen Feldern und ihren Quellen, also den elektrischen Ladungen beziehungsweise Strömen definieren.

Es ist darum wenig überraschend, dass das Auftauchen der Maßeinheiten für elektromagnetische Größen gegenüber denen für Länge, Zeit und Masse etwas auf sich warten ließ. Von Maßeinheiten für Elektrizität begann man erst in der zweiten Hälfte des 19. Jahrhunderts zu sprechen, und verschiedene Vorschläge folgten aufeinander, ohne jedoch einen allgemeinen Konsens zu finden. Wichtig war der Beitrag des italienischen Ingenieurs Giovanni Giorgi, geboren 1871 in Lucca, der 1901 der Associazione elettrotecnica italiana einen Aufsatz mit dem Titel »Unità razionali di elettromagnetismo« (Zweckmäßige Einheiten des Elektromagnetismus) präsentierte, worin er vorschlug, das System zu reformieren, indem den Einheiten Meter, Kilogramm und Sekunde ein Basismaß für die elektrischen Phänomene an die Seite gestellt würde. Sein Vorschlag wurde aufgenommen und gab den Anstoß für die schwierige

Suche nach der angemessensten Maßeinheit. Man bedenke, dass der Elektromagnetismus noch in den Kinderschuhen steckte: Während die ersten Definitionen von Meter, Kilogramm und Sekunde auf jahrtausendelanger Erfahrung basierten – man denke nur an die Längenmaße, von denen wir im Kapitel über den Meter sprachen –, erfolgte die Entscheidung über die Maßstäbe, mit denen elektrische oder magnetische Phänomene messbar waren, beinahe gleichzeitig mit ihrer systematischen Untersuchung. Bei der Neunten Generalkonferenz für Maß und Gewicht 1948 wurde die Maßeinheit des elektrischen Stroms als Grundeinheit gewählt, was ein entscheidender Schritt war, um später, 1960, zur Definition des internationalen Einheitensystems zu gelangen.

Die Definition des Ampere war jedoch kompliziert und schwierig in die Praxis umzusetzen. Im Wesentlichen beruhte sie auf Experimenten Ampères, der seinerseits von dem dänischen Physiker Hans Christian Ørsted (1777–1851) inspiriert worden war. Obwohl die Geschichte fast 700 Jahre zuvor bereits ihren Anfang nimmt, und zwar auf dem Chinesischen Meer.

DRÄHTE, KOMPASSE UND STRÖMUNGEN

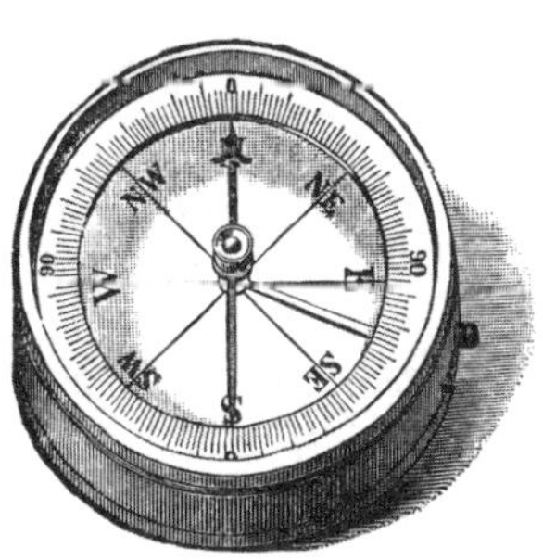

In der Zeit, als die Große Mauer gebaut wurde, im 3. Jahrhundert v. u. Z., wussten die Chinesen bereits, dass ein Magnet an einem Seidenfaden sich immer in dieselbe Richtung orientierte. Das Instrument war der Vorläufer des Kompasses, wurde damals jedoch nur zur Zukunftsvorhersage genutzt. Über ein Jahrtausend verging, bis es zur wichtigen Orientierungshilfe wurde. Wie Massimo Guarnieri in einem Artikel im *IEEE Industrial Electronics Magazine* schreibt, wurde der Kompass seit den ersten Jahrzehnten um das Jahr 1000 zuerst für militärische Zwecke auf dem Festland genutzt und dann für die Seefahrt, die bis dato nur auf die Orientierung mithilfe der Sterne zählen konnte. Die erste Erwähnung eines Kompasses in Europa findet sich 1190 im *De naturis rerum* von Alexander Neckam. Bis jetzt ist nicht klar, ob er aus China auf den alten Kontinent gekommen ist oder unabhängig davon entwickelt wurde.

Heute wissen wir, dass der Kompass funktioniert, weil das magnetische Material, aus dem seine Nadel besteht, eine Krafteinwirkung durch das Magnetfeld der Erde erfährt, das sie immer in Richtung Süd-Nord ausrichtet. Obwohl seine Auswirkungen derart offensichtlich sind, ist der Ursprung des Erdmagnetfeldes bis heute nicht vollständig geklärt, und es gibt eine breite Forschung rund um diese Frage. Sicher weiß man, dass das Erdmagnetfeld auf elektrischen Strömen beruht, die im flüssigen Metallkern unseres rotierenden Planeten fließen. Doch der Mechanismus, durch den diese elektrischen Ströme aufrechterhalten werden, liegt noch im Dunkeln. Wer neugierig ist, kann im Internet nach den Bildern der Computeranimationen Gary Glatzmaiers von der University of California in Santa Cruz suchen, die das Magnetfeld im Inneren der Erde darstellen, als wäre es eine riesige Schüssel Spaghetti!

Auf Hans Christian Ørsted geht das Experiment zurück, das zeigte, dass der Ursprung des Magnetfeldes in elektrischen Strömen zu suchen ist. Es heißt, dass Ørsted 1820, während er einen Versuch zu elektrischen und magnetischen Phänomenen vorführte, erstaunt feststellte, dass die Nadel eines Kompasses sich bewegte, wenn man ihn in die Nähe eines Drahtes brachte, in dem elektrischer Strom floss. Die Anekdote scheint, wie es manchmal der Fall ist, historisch nicht ganz korrekt zu sein. Ein interessanter Beitrag von Roberto de Andrade Martins im Buch *Volta and the History of Electricity*, das im Netz verfügbar ist, erzählt, wie in Wirklichkeit die wissenschaftliche Entdeckung zuweilen viel komplexer ist, als in der Anekdote vereinfacht dargestellt. Trotzdem bleibt unbestritten, dass die Beobachtung überraschte, da bis zu diesem Zeitpunkt die Elektrizität (hier vertreten durch den von Strom durchflossenen Draht) und der Magnetismus (die Nadel des Kompasses) als zwei vollkommen unabhängige Phänomene beschrieben worden waren. Ørsted dagegen hatte gezeigt, dass elektrischer Strom ein Magnetfeld entstehen lässt.

Seine Entdeckung machte schnell die Runde, und es war Ampère, der weitere und entscheidende Experimente durchführte, die die Ergebnisse des dänischen Physikers bestätigten und erweiterten, und der eine Theorie entwickelte, die sie beschrieb. Er entdeckte weiterhin, dass nicht nur eine magnetische Nadel eine Krafteinwirkung erfuhr, wenn sie in die Nähe eines von Strom durchflossenen Drahtes kam, sondern dass dasselbe Phänomen auch dann auftrat, wenn die Nadel durch einen weiteren Draht ersetzt wurde, in dem ebenfalls Strom floss. Nur damit ihr nicht denkt, dies alles wären nichts als akademische Spielereien einiger Eingeweihter: Das Prinzip der Kraft, die ein Magnetfeld auf einen elektrischen Strom ausübt, wird in Elektromotoren benutzt, beispielsweise in der Waschmaschine. Wenn man bedenkt, wie viel Wissenschaft dahintersteckt, bekommt der Schmutzwäschekorb auf einmal eine ganz neue Bedeutung.

Ampère war in der Lage, den Betrag der Kraft zwischen zwei von Strom durchflossenen Drähten in Abhängigkeit von ihrer Entfernung zu bestimmen. Seine Ergebnisse waren die Grundlage zur Bestimmung des Ampere als Maßeinheit des elektrischen Stroms, die bis 2019 in Gebrauch war. Dabei handelt es sich um eine objektiv betrachtet komplizierte und wenig praktische Definition, die zusammengefasst Folgendes besagt:

Nehmen wir zwei lange Drähte, die von demselben Strom durchflossen werden, setzen sie in einen Abstand von einem Meter voneinander und messen die Kraft, mit der sie sich anziehen. Wenn diese Kraft einer vorher definierten Stärke entspricht, dann fließt in diesen beiden Drähten elektrischer Strom der Stärke von genau einem Ampere. Diese Stromstärke entspricht ebendiesen zwei Zehntelmillionstel Newton pro Drahtmeter. Und hier stoßen wir auf die erste praktische Schwierigkeit.

Zwei Zehntelmillionstel Newton sind eine sehr kleine Kraft. Zum Verständnis, die Gewichtskraft einer Person von 70 Kilogramm Masse – also die Gravitationskraft, mit der die Erde sie anzieht – beträgt in etwa 700 Newton. Um eine Tasse Kaffee zum Mund zu führen, genügt eine Kraft von etwa einem Newton. Dann ist da die Tatsache, dass der Definition zufolge die Drähte unendlich lang sein sollten, und vor allem, dass das Ampere, obwohl es eine elektrische Größe ist, in mechanischen Termini definiert wird, also über die Kraft. Die Maßeinheit der Kraft, das Newton, ist keine Grundgröße, sondern sie ist abgeleitet von der Masse-Einheit des internationalen Einheitensystems: dem Kilogramm. Doch wir haben gesehen, dass der Wert des in Sèvres aufbewahrten Prototyps sich mit der Zeit verändert hat und dies die Genauigkeit der von ihm abgeleiteten Einheiten beeinträchtigte. Kurz, sowohl praktisch als auch theoretisch war die bis 2019 vorherrschende Definition des Ampere nicht zufriedenstellend. Wieder einmal wurde zur Lösung des Problems eine fundamentale Konstante der Natur herangezogen, die in diesem Fall die Menge der Elementarladung ist.

Zu Beginn dieses Kapitels haben wir daran erinnert, dass ein Atom aus Protonen, Elektronen und Neutronen besteht. Protonen und Elektronen besitzen dieselbe elektrische Ladung, die Protonen mit positivem und die Elektronen mit negativem Vorzeichen. Diese elektrische Ladung nennt man Elementarladung. Das geht zurück auf die Evidenz, dass in der Natur nur exakte Vielfache der Elementarladung vorkommen. Wie bei Eierkartons. Stellt euch einen vollen Eierkarton vor. Eine Packung im Supermarkt, eine Großhandelskiste, eine Wagenladung. Wie viele es auch werden, sie sind immer ein Vielfaches der elementaren Einheit »1 Ei«. So ist es auch bei der elektrischen Ladung. Reibt einen Plastikkamm über den Ärmel einer Wolljacke: Wie die Bernsteinstücke in der Antike wird er sich elektrisch aufladen und in der Lage sein, kleine Stückchen Papier anzuziehen. Wie groß die elektrische Ladung des Kamms auch sei, es wird immer ein exaktes Vielfaches der Elementarladung sein.

Der Wert der Elementarladung wird mit *e* bezeichnet, und diese wiederum universale Konstante beträgt $e = 1{,}602176634 \times 10^{-19}$ Coulomb. Das Coulomb ist die Maßeinheit für elektrische Ladung. Im internationalen Einheitensystem ist es eine abgeleitete Einheit, also keine Grundgröße, und sie verdankt ihren Namen Charles Augustin de Coulomb, einem 1736 geborenen französischen Physiker, ebenfalls einer der 72 am Gesims des Eiffelturms verewigten Wissenschaftler. Wie man an ihrem Wert ablesen kann, ist die Elementarladung ein geringer Teil eines Coulombs. Um 1 Coulomb zu erreichen, ist eine enorme Anzahl Elementarladungen nötig, nämlich etwa sechs Trillionen (genauer gesagt $6{,}24150907446 \times 10^{18}$, eine Zahl, die genau dem Kehrwert $1/e$ von e entspricht. Nennen wir sie aus Gründen der Praktikabilität *N*.

Ebenfalls zu Beginn des Kapitels haben wir auch gesehen, dass der elektrische Strom mit der Bewegung elektrischer Ladungen zusammenhängt. Genauer gesagt ist der elektrische Strom, der durch einen Draht fließt, definiert als elektrische Ladung – gemessen in Coulomb –, die pro Sekunde durch einen Abschnitt des Drahtes fließt. Gemäß der neuen Definition, die 2019 verabschiedet wurde, entspricht die Maßeinheit eines Ampere also dem Hindurchfließen von *N* (die eben genannte enorme Zahl) Elementarladungen pro Sekunde. Auch hinsichtlich des Ampere hat man sich also der menschlichen Artefakte entledigt (Drähte, Massen etc.) und hat schließlich allein auf universelle Naturkonstanten gesetzt.

ELEKTRISCHER STROM UND NACHHALTIGE ENTWICKLUNG

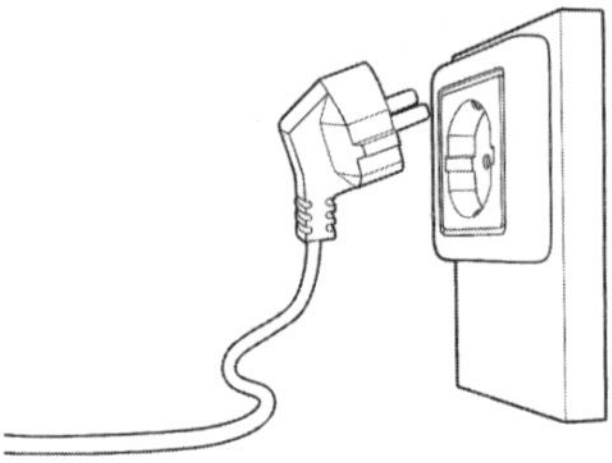

Als die beiden am 20. November 1985 zur Abschlusszeremonie erschienen, »war die persönliche Chemie augenscheinlich. Der entspannte Umgang miteinander, das Lächeln, eine gewisse Entschlossenheit, all das war ersichtlich.« Diese beiden waren Michail Gorbatschow, damals Generalsekretär der UdSSR, und Ronald Reagan, Präsident der Vereinigten Staaten, die sich zum ersten Mal in Genf zu einem bilateralen Gipfeltreffen der beiden Supermächte trafen. Wer das Treffen hier beschreibt, ist George Shultz, Staatssekretär der USA. Die beiden Staatenführer setzten sich zusammen, um über den Rüstungswettstreit im Kalten Krieg – und dabei hauptsächlich über die Möglichkeit, die Zahl der Nuklearwaffen zu minimieren – zu diskutieren. Das Treffen in Genf war das erste amerikanisch-sowjetische Gipfeltreffen nach mehr als sechs Jahren, in einer Zeit, in der die Zahl der Atomsprengköpfe in schwindelerregende Höhen gestiegen war und die strategischen Abkommen zwischen USA und UdSSR – und damit das Gleichgewicht der Welt – auf der Doktrin der *»mutual assured destruction«* (dem »Gleichgewicht des Schreckens«) basierten. Diese Doktrin besagte, dass, wenn eines der Länder einen Angriff gegen das andere starten sollte, das zweite reagieren und der daraus folgende Atomkrieg beide und die ganze Welt vernichten würde.

Obwohl keine greifbaren Fortschritte zu konkreten Maßnahmen hinsichtlich der Atomwaffen erzielt werden konnten, war der Genfer Gipfel ein Wendepunkt für die amerikanisch-sowjetischen Beziehungen und markierte den Beginn der atomaren Abrüstung, die bis heute anhält (auch wenn es angesichts der aktuellen Situation und der sich auf dem Planeten noch immer befindenden etwa 9.500 funktionierenden Atomsprengköpfe noch immer keine Entwarnung geben kann). Neben dem Thema Waffenpolitik hatten die beiden Staatsoberhäupter an diesem Tag auch Gelegenheit, über den friedlichen Einsatz von Atomenergie zu sprechen. In der offiziellen Bekanntmachung am Ende des Treffens steht zu lesen: »Die beiden Führer haben die potentielle Bedeutung der Arbeit unterstrichen, die die kontrollierte Kernfusion zu friedlichen Zwecken anstrebt, und dafür wünschten beide eine größtmögliche Entwicklung der internationalen Zusammenarbeit, um diese Energiequelle zu erschließen, die im Wesentlichen unerschöpflich ist, zum Wohle der gesamten Menschheit.«

Diese Bemühungen mündeten innerhalb kurzer Zeit in die Idee eines Forschungsreaktors namens ITER, einem großen internationalen Projekt zum Studium der Kernfusion (einem Prozess, von dem wir am Ende des Kapitels zum Kelvin sprachen). Ein Jahr nach den Verhandlungen erreichte man ein politisches Abkommen zwischen der Europäischen Gemeinschaft, Japan, der Sowjetunion und den USA, um gemeinsam die Planung vorzunehmen. Die Volksrepublik China und die Republik Korea stießen 2003 zum Projekt hinzu, gefolgt von Indien im Jahr 2005. Trotz der guten Absichten, die Michail Gorbatschow und Ronald Reagan formuliert hatten, dauerte es beinahe 20 Jahre, bis 2006 ein Regierungsabkommen zustandekam, das den Beginn des Baus von ITER erlaubte. Das sagt eine Menge darüber aus, welche Bedeutung die großen

Weltwirtschaften der Forschung zur Produktion alternativer, CO_2-freier Energiequellen jenseits der fossilen Brennstoffe beigemessen haben.

Der Bau des ITER geht heute zügig voran in der Nähe von Aix-en-Provence im Süden Frankreichs, und die ersten bedeutsamen Ergebnisse werden wohl ab 2030 vorliegen. Das Ziel des ITER – eines Reaktors, der, um eine Vorstellung zu geben, in etwa die Größe eines zehnstöckigen Hauses haben wird – ist es, die wissenschaftliche und technologische Machbarkeit der kontrollierten thermonuklearen Kernfusion zu zeigen. Der ITER soll eine Energiemenge aus Fusionsreaktionen erzeugen, die zehnmal größer ist (500 Millionen Watt) als das, was er für seinen laufenden Betrieb benötigt (50 Millionen Watt). Der ITER wird ebenfalls die Aufgabe haben, die Grundlagen für den nächsten und endgültigen Schritt zu schaffen: den Bau eines Forschungsreaktors namens Demo, der in großem Maßstab die mögliche Produktion elektrischer Energie aufzeigen soll. Wenn alles läuft wie geplant, wird Demo seinen Betrieb zur Kernfusion in der zweiten Hälfte dieses Jahrhunderts aufnehmen und der Menschheit hoffentlich einen wichtigen Beitrag zur langfristigen Lösung der Klimakrise liefern.

ITER gehört zur Kategorie Tokamak, einem ring- oder torusförmigen Typ eines Forschungsreaktors zur Kernfusion, der schon zu Beginn des vorangegangenen Kapitels zur Sprache kam. Er funktioniert auf der Grundlage elektrischen Stroms, der im Plasma fließt – dem ionisierten Gas auf höchsten Temperaturen, das im Forschungsreaktor enthalten ist und den Brennstoff der Fusion darstellt – ,und eines Magnetfeldes. Im Grunde laufen die Fusionsreaktionen in einem Tokamak mit der daraus resultierenden Energiefreisetzung im Plasma ab. Dieses muss auf Temperaturen in der Größenordnung von 150 Millionen Kelvin erhitzt werden – eine Temperatur, etwa zehnmal höher als im Inneren der Sonne –, und auf stabile, unveränderte Art in seinem Inneren eingeschlossen sein, ohne dass es mit den metallischen Wänden des Reaktors selbst reagiert. Denn das würde seine Leistung drastisch verringern. Den Einschluss erreicht man, indem man die dem Druckunterschied geschuldeten expansiven Kräfte mithilfe einer elektromagnetischen Kraft ausgleicht. Die Situation ist ähnlich wie in einem Autoreifen: In seinem Inneren besteht ein Druck von etwa zwei Bar, dem doppelten der Umgebungsluft. Der Einschluss der Hochdruckluft im Inneren des Reifens erfolgt mit mechanischen Mitteln, also der Luftkammer im elastischen Material. Diese ist es, die eine Kraft ausübt, die jener expansiven entgegenwirkt, die durch den Druckunterschied zwischen dem Inneren und Äußeren des Reifens entsteht. Im Plasma eines Tokamak-Reaktors ist die Situation ähnlich. Das heiße Plasma auf hohen Temperaturen im Inneren des Forschungsreaktors weist einen höheren Druck auf als das am Rand. Um die expansive Tendenz auszugleichen, bedarf es einer ausgleichenden Kraft.

Theoretisch betrachtet ist das Problem relativ simpel. Wie wir im Kapitel zum Kilogramm gesehen haben, besagt das grundlegende Newtonsche Gesetz ($F = ma$), dass wir, wenn die Interaktion eines Körpers mit der Umwelt, in der er sich befindet, also die auf ihn wirkende Kraft F, bekannt ist, seine dadurch hervorgerufene Beschleunigung a errechnen können. Das bedeutet im Grunde, seine Geschwindigkeit zu bestimmen. Diese Gleichung gilt auch für Situationen mit statischem Gleichgewicht, in denen die Summe aller auf den Körper einwirkenden Kräfte null betragen muss, und als Konsequenz daraus auch seine Beschleunigung und Geschwindigkeit. Darum wird sie auch angewendet, um die Eindämmung des Plasmas zu untersuchen, die verlangt, eine Kraft zu ermitteln, die der expansiven Kraft des Drucks entgegenwirkt. Diese Kraft wird erzeugt, indem man einen elektrischen Strom im Inneren des Plasmas fließen und gleichzeitig ein Magnetfeld auf das Plasma selbst einwirken lässt.

Die Mathematik hinter dieser Lösung ist relativ einfach und wird durch eine elegante Gleichung ausgedrückt:

$$\nabla p = \vec{J} \times \vec{B}$$

Der linke Term ∇p bezeichnet die Kraft des Drucks im Plasma, die durch jene ausgeglichen werden muss, die sich aus der Interaktion des elektrischen Stroms im Plasma $\vec{J}$ und des Magnetfeldes $\vec{B}$ ergibt.

Wie es zuweilen in der Wissenschaft vorkommt, kann die Lösung einer beträchtlichen technischen Anstrengung bedürfen, und das ist zweifelsohne beim ITER der Fall. Der Strom, der in seinem Plasma fließen soll, beträgt tatsächlich 15 Millionen Ampere. Um einen Vergleich anzustellen: Das ist über eine Million Mal mehr als das, was im Stromkreis eines normalen Elektroofens in der Küche fließt. Um solche Ströme und die dafür nötigen Magnetfelder zu erzeugen, benötigt der Ultrahochvakuum-Behälter, der das Plasma und seine Nebenprodukte umschließt, eine Technik der Avantgarde. Die Magnetfelder beispielsweise werden durch Magneten erzeugt, die das Prinzip der Supraleitung nutzen, von dem wir im Kapitel über Kelvin hörten. Und für den Bau des ITER allein wird so viel Stahl benötigt wie für den Bau des Eiffelturms.

Bezüglich der Bemühungen zur praktischen Umsetzung der Fusion wird auch das neueste Experiment Made in Italy, der DTT, Abkürzung für *Divertor Tokamak Test Facility*, einen fundamentalen Beitrag leisten. DTT ist ein hochtechnologisches Konzentrat aus den Labors des Forschungszentrums ENEA in Frascati bei Rom, entworfen von Wissenschaftlern der ENEA, verschiedener italienischer Universitäten und Forscherteams und des italienischen Mineralöl- und Energiekonzerns Eni. Italien mit seinen Labors in Frascati, Padua und Mailand und vielen weiteren Forscherteams steht an der Spitze der Kernfusionsforschung. Das Herz des DTT ist ein Stahlring von etwa sechs Metern Durchmesser. In seinem Inneren wird – eingeschlossen von einem sechs Tesla starken Magnetfeld (der Tesla ist nicht nur ein Auto, sondern auch eine Maßeinheit zur Bestimmung der magnetischen Flussdichte), einer der höchsten Werte, die je in einem großen Tokamak erreicht worden sind – ein Plasma produziert, das auf dem Höhepunkt seiner Leistung eine Temperatur von circa 70 Millionen Grad erreichen wird. Das Hauptziel des DTT wird sein, Labor für Innovationen zu sein, um die starken Kraftströme zu untersuchen, die aus einem Kernfusionsreaktor kommen.

DIESE ZEHN PROZENT

Lev Arzimowitsch, sowjetischer Physiker und einer der großen Pioniere der Kernfusion, antwortete auf die Frage, wann denn die Fusionsenergie zur Verfügung stehen werde, dass die Kernfusion bereit wäre, wenn die Gesellschaft nach ihr verlange. Neben der dialektischen Provokation birgt Arzimowitschs Antwort eine große Wahrheit. Seit Beginn der Industriellen Revolution und noch mehr durch den Wirtschaftsboom nach dem Zweiten Weltkrieg hat sich der reiche Teil der Erde fortentwickelt und die eigene Wirtschaft mit einem Modell nach oben gebracht, das im Prinzip von unendlichen Ressourcen ausging und die Auswirkungen der Verwendung immer größerer Mengen Ener-

gie aus fossilen Brennstoffen auf die Umwelt vollkommen außer Acht ließ. Die Ergebnisse dieser Entscheidungen sind heute offenkundig: die dramatische Klimakrise verbunden mit einem wachsenden Bewusstsein, dass die fossilen Brennstoffressourcen alles andere als unbegrenzt sind, was die Kriege im Mittleren Osten anschaulich zeigen.

Die Probleme, vor die die Klimakrise uns jeden Tag dringender stellt, und ein zum Glück wachsendes Umweltbewusstsein haben dafür gesorgt, dass die Entwicklung eines neuen, nachhaltigen Energiemodells inzwischen dramatische Dringlichkeit besitzt. Ein Modell, bei dem die Kernfusion und allgemein die Forschung und die Investitionen in erneuerbare Energiequellen und Batterien eine äußerst wichtige Rolle spielen werden. Man denke nur daran, dass in einem zukünftigen Reaktor die Fusionsreaktion zwischen zwei Wasserstoff-Isotopen, Deuterium und Tritium, stattfinden wird, und dass das Deuterium aus einer Flasche Wasser damit dieselbe Energie erzeugen kann wie 500 Liter Diesel, also die Menge, die man braucht, um 10.000 Kilometer im Auto zurückzulegen.

Es gibt jedoch noch eine zweite Seite des Energieproblems, das wir, die wir in den reichen Ländern der Welt leben, häufig vergessen: die Energiearmut.

Zu Beginn dieses Kapitels haben wir gesehen, dass 90 Prozent der Weltbevölkerung Zugang zu elektrischer Energie haben. Sieben Milliarden Menschen, die dadurch, einfach einen Stecker in eine Wandsteckdose zu stecken, ampereweise Strom in ihre Haushaltsgeräte, die Batterien ihrer Autos oder ihrer Handys, ihre Heizungsanlagen und Klimaanlagen fließen lassen können. Und auch in die Operationssäle und Brutkästen der Krankenhäuser, die Kühlschränke, die uns erlauben, Lebensmittel frisch zu halten, und die Pumpen, die Wasser an die Oberfläche bringen. Eine so selbstverständliche Geste, dass wir hierzulande keinen Gedanken daran verschwenden, obwohl sie dramatisch unsere Lebensqualität beeinflusst. Zu den 770 Millionen Menschen ohne Zugang zu elektrischer Energie müssen wir 2,8 Milliarden Menschen hinzurechnen, die keinen Zugang zu elektrischen Kochgeräten haben. Wenn wir kochen wollen, sind wir daran gewöhnt, das Gas oder den Elektroherd einzuschalten. Milliarden von Menschen bedienen sich hingegen an Biomasse aus Holz oder Dung, und das hat schwerwiegende Auswirkungen auf ihre Gesundheit, weil das Verbrennen häufig in geschlossenen, schlecht belüfteten Räumen geschieht, mit einer starken Feinstaubbelastung. Das hat dramatische Auswirkungen auf diejenigen, die sich zu der Zeit im Haus aufhalten, vornehmlich Frauen und Kinder. Etwa vier Millionen Menschen sterben jedes Jahr an Luftverschmutzung, häufig aus genau diesen Gründen.

Die Verfügbarkeit elektrischer Energie ist auch für die Wasserversorgung von fundamentaler Bedeutung. Ohne Elektrizität können keine Hilfsmittel verwendet werden, um Wasser zu fördern, zu säubern und zu verteilen. Dadurch muss das Wasser umständlich vom Brunnen geholt werden. In den ärmsten Ländern ist der Zeitaufwand dafür enorm, und wer am meisten darunter leidet, sind wieder einmal die Frauen und die Kinder. Einer Studie von UNICEF zufolge verbringen Frauen in Malawi im Durchschnitt 54 Minuten am Tag mit Wasserholen, die Männer sechs.

Zusätzlich bedeutet das auch, dass ohne Elektrizität auch keine Kühlung stattfinden kann. Ohne Kühlkette können keine Medikamente, Impfstoffe, Lebensmittel haltbar gemacht werden, mit tragischen Konsequenzen. Strom kann den Unterschied machen zwischen Leben und Tod.

Wenn wir die Massen Verzweifelter sehen, die sich in einem Schlauchboot aufs Meer wagen oder monatelange Märsche durch feindliche oder unwirtliche Gegenden auf sich nehmen, nur um dann häufig an der Grenze wieder zurückgeschickt werden, dann lasst uns einen Augenblick daran denken, was es bedeutet, das Glück zu haben, einen Stecker in eine Steckdose stecken zu können. Und wie sehr die paar Ampere noch heute den Norden und den Süden der Welt voneinander trennen.

VI.

DAS MOL

ORANGENSCHALEN

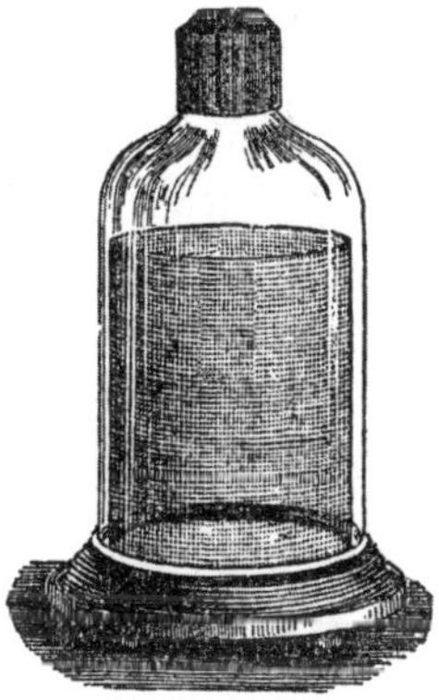

»Ich war Chemiker in einem Chemiebetrieb, in einem Labor (auch das ist bereits erzählt worden), und ich stahl, um zu essen. Wenn man nicht als Kind damit anfängt, ist es nicht leicht, stehlen zu lernen; ich brauchte mehrere Monate, um die moralischen Bedenken zu überwinden und mir die erforderlichen Fertigkeiten anzueignen, und an einem bestimmten Punkt merkte ich (mit kurz aufblitzendem Lachen und ein klein wenig befriedigtem Ehrgeiz), dass ich wieder auflebte, ich, das anständige Doktorchen, die Rückbildung und Weiterentwicklung eines berühmten anständigen Hundes, eines viktorianischen, Darwinschen Hundes, deportiert und zum Dieb geworden, um in seinem ›Lager‹ von Klondike leben zu können, der große Buck aus ›Der Ruf der Wildnis‹. Ich stahl wie er und wie die Füchse: bei jeder sich bietender Gelegenheit, aber schlau und heimlich, ohne das Leben aufs Spiel zu setzen. Ich stahl alles, außer dem Brot meiner Gefährten.

Was nun die Stoffe anbelangte, die man hätte gewinnbringend stehlen können, so war dieses Labor ein jungfräuliches Terrain, völlig unerforscht. Es gab Benzin und Alkohol, eine zu alltägliche und unbequeme Beute: viele stahlen es, an verschiedenen Stellen des Bauplatzes, das Angebot war groß, und groß war auch das Risiko, weil man für Flüssigkeiten Behälter braucht. Das große Problem der Verpackung, das jeder erfahrene Chemiker kennt: und der Herrgott kannte es ebenfalls gut und hat es auf seine Art blendend gelöst, in Form der Zellmembranen, der Eierschale, der mehrschichtigen Schale der Apfelsinen und unserer Haut, denn Flüssigkeit sind letztlich auch wir. Nun, zu jener Zeit gab es noch kein Polyäthylen, das mir zustatten gekommen wäre, da es flexibel, leicht und wasserundurchlässig ist: es zersetzt sich aber auch recht schwer, und der Herrgott selbst, der doch ein Meister der Polymerisation ist, hat sich nicht umsonst davor gehütet, es zu patentieren: ER mag Dinge nicht, die sich nicht zersetzen.«[15]

Diese Passage stammt aus *Das periodische System* von Primo Levi, einem wunderbaren Buch über die Chemie und das Leben, von vielen bezeichnet als das beste Wissenschaftsbuch, das je geschrieben wurde.

Levi, ein Jude, schrieb sich 1937 an der Universität in Turin für Chemie ein. Die Chemie ist eine Wissenschaft, die die Materie studiert: wie sie beschaffen ist, ihre Struktur, ihre Eigenschaften und die Transformation der Substanzen, aus denen sie besteht, und wie sie miteinander reagieren. Chemie ist überall in unserem Leben: im Sehen, Tasten, Hören, Riechen, Schmecken. Levi war davon fasziniert und drückte dies in einer weiteren berühmten Passage des *periodischen Systems* aus: »Sandro war erstaunt, wenn ich ihm einige Ideen zu erklären versuchte, die mir damals im Kopf herumschwirrten. Daß das Edle im Menschen, erworben in jahrhundertelangen Prüfungen und Irrtümern, darauf beruhte, die Materie zu beherrschen, und daß ich Chemie studierte, weil ich diesem Edlen die Treue halten wollte. Daß über die Materie siegen sie begreifen bedeutete und das Begreifen der Materie notwendig sei, um das Weltall und uns selbst zu begreifen; und daß somit das Periodische System von Mendelejew, das wir in jenen Wochen gerade mühsam entwirren lernten, Poesie sei, erhabener und feierlicher als alle Poesie, die wir in der Schule bewältigt hatten.«[16]

Leider erlaubt es die fortdauernde Unterschätzung der Wissenschaft in unserer Kultur nicht, die Kraft der Aussage Levis in ihrer Gänze zu würdigen. Die Periodentafel der Elemente ist in der Tat ein erhabenes Konstrukt des menschlichen Denkens, das zwischen 1700 und 1800 entstand, als sich in Europa die Chemie begründete. Obwohl sie Tochter der Alchemie war, entledigte sich die Chemie in dieser Zeit schnell der magischen Aura ihrer Vergangenheit und wurde zur modernen Wissenschaft – dank der Anwendung der experimentellen Methode, die eine fortschreitende Katalogisierung und Systematisierung der Erkenntnisse der letzten Jahrhunderte erlaubte. Eine Wissenschaft, die Grundpfeiler setzte für die Entwicklung der Atomphysik. Chemiker entdeckten in der Tat neue Elemente, charakterisierten und katalogisierten sie. In der zweiten Hälfte des 18. Jahrhunderts machte Lavoisier 33 davon aus, von denen der größte Teil auch der aktuellen Definition zufolge als »Element« zu bezeichnen ist. Doch bereits Ende des 19. Jahrhunderts war die Zahl der bekannten Elemente auf circa 70 angewachsen. Heute kennen wir derer 118: 94 natürliche und 24 künstlich hergestellte.

Der Durchbruch gelang dank des russischen Chemikers Dmitrij Mendeleev (1834–1907), der sie auf einfache und schematische Weise in einem von ihm 1869 eingeführten Periodensystem zueinander in Beziehung setzte. Eine ebenso einfache wie geniale Eingebung: Er ordnete sie in Reihen und Spalten auf Grundlage ihres Atomgewichts, also der Anzahl von Protonen, die das jeweilige Element besitzt. Wie wenn aus dem anfänglichen Durcheinander eines Häufchens Puzzleteile langsam ein Bild entsteht, enthüllten die Elemente – in dieser Weise angeordnet – unerwartete Beziehungen untereinander und spornten die Chemiker zu weiteren Studien an. Mendeleev selbst hatte keine Angst vor der Leere, im Gegenteil. Wie alle großen Wissenschaftler empfand er Zweifel und Nichtwissen nicht als Schande, sondern als Ressource. Er spürte, dass dort, wo ein Element mit dem entsprechenden Atomgewicht fehlte, eine Leerstelle gelassen werden musste. Denn das ließ vermuten, dass dieses Element noch nicht entdeckt worden war. Seine Klassifikation war ein großer Fortschritt für die Chemie, veranschaulichte neue Eigenschaften der Elemente und zeigte, dass diese sich in verschiedener Form und Kombination zeigten, doch in begrenzter Anzahl. Heute sind die Elemente des Periodensystems nach ihrer Atomnummer geordnet, dank der Arbeit Antonius van den Broeks zwischen 1909 und 1913.

Aber nun zurück zu Primo Levi. Den Rassengesetzen zum Trotz beendete er 1941 sein Studium und fand Arbeit. 1942 schloss er sich der geheimen Partito d'Azione, einer liberal-sozialistischen italienischen Partei der Zeit, an. Nach dem 8. September 1943 ging er zu einer Partisanengruppe, die im Aostatal operierte. Wenige Monate später, am 13. Dezember, fiel er in Brusson in die Hände der Faschisten, die zwar nichts von seiner Arbeit im Widerstand wussten, ihn jedoch als Juden identifizierten. Er wurde zunächst nach Fossoli deportiert und dann 1944 im Konzentrationslager Auschwitz-Birkenau interniert.

Sein Chemie-Studium und das bisschen Deutsch, das er gelernt hatte, um die Uni-Texte zu lesen, brachten ihm die Einstufung als »nützlicher Häftling« ein und retteten ihm wahrscheinlich das Leben. »Mit diesen unseren hohlen Gesichtern, mit diesen unseren geschorenen Schädeln, mit diesem unserm schändlichen Aufzug«, erzählt er in *Ist das ein Mensch?*[17], legte er eine »Chemie-Prüfung« vor einem Nazi-Offizier ab. Er wurde rekrutiert für das Kommando 98, eine Spezialeinheit, auch genannt Chemisches Kommando, und dann für die Arbeit in einer Chemiefabrik in der Nähe des Lagers. Das war ein großes Glück, denn dort konnte man Dinge zum Stehlen finden, die man auf dem Schwarzmarkt des Vernichtungslagers gegen eine Ration Essen eintauschen konnte, wie er in der Passage erzählt, mit der wir das Kapitel begonnen haben. Es gelang Levi, bis zur Befreiung des Lagers im Januar 1945 zu überleben.

MOPLEN!

Primo Levi hätte eine Flasche genügt. Wir haben, laut der Internetseite statista.com, im Jahr 2021 auf der Welt 583 Milliarden Plastikflaschen produziert. Diese Zahl setzt sich zusammen aus 49 Milliarden Flaschen pro Monat, 1 Milliarde und 600 Millionen am Tag, 67 Millionen pro Stunde und circa 1 Million pro Minute. Also, wenn wir sie alle in der Geschwindigkeit, in der sie produziert werden, aufeinanderstapelten, hätten wir innerhalb einer Minute einen Turm, der ... bis zur Internationalen Raumstation hinaufreicht.

Eine enorme Menge Plastik, die zu dem für andere Zwecke hergestellten noch hinzukommt. Insgesamt etwa achteinhalb Milliarden Tonnen Plastik, die seit den 50er-Jahren bis heute produziert wurden und sich zum Großteil noch auf der Erde befinden. Mit dem Plastik haben wir auf globaler Ebene zum ersten Mal in unserer Geschichte ein Produkt hergestellt und konsumiert, das langlebiger ist als wir selbst, weil es extrem lange braucht, sich biologisch abzubauen. Die einzige Hoffnung ist, es zu recyceln, etwas, das man erst seit Kurzem und nur in kleinstem Umfang tut. Seitdem wir also nach dem Zweiten Weltkrieg begonnen haben, es in industriellem Maßstab herzustellen, hat sich überall Plastik angesammelt: Mehr als sechs dieser achteinhalb Milliarden Tonnen sind auf der Erde und im Meer verstreut und verschmutzen unseren Planeten. Wie die renommierte Zeitschrift *National Geographic* berichtet, wird geschätzt, dass die Ozeane in etwa 5250 Milliarden Stücke Plastik enthalten, wovon der Großteil nicht schwimmt, sondern die Tiefen der Meere verstopft – mit verheerenden Folgen für die Umwelt. Eine dramatische Notsituation, die uns erst jetzt allmählich bewusst wird. Primo Levi jedoch sah sie bereits voraus, als er 1975 *Das periodische System* schrieb.

Es waren die Jahre, in denen die Welt sich in das Plastik verliebt hatte: leicht, widerstandsfähig, bunt, langlebig – gerade das zu sehr, im Nachhinein betrachtet –, wird es eines der Symbole der Moderne und des Wirtschaftsbooms. Die italienische Chemieindustrie ist Vorreiterin der Entwicklung dieses neuen Materials. Giulio Natta erfindet das isotaktische Polypropylen und erhält 1963 den Nobelpreis. Isotaktisches Polypropylen, ein Name, der eher Angst macht und an Laborratten erinnert. Einen ganz anderen Eindruck vermittelt es, wenn man es mit seinem kommerziellen Namen bezeichnet und mit dem Gesicht Gino Bramieris verbindet, einem großen italienischen Komiker und Schauspieler, der 1996 verstarb. In einem italienweit und generationenübergreifend bekannt gewordenen Werbespot skandierte er zwischen Eimern, Nudelsieben, Tassen und Spielautos »Mo-mo-Moplen!«. Ja, unter dem eingängigeren Namen Moplen wurde ebenjenes isotaktische Polypropylen bekannt und revolutionierte in den 60er-Jahren die Haushalte Italiens.

Im Konzentrationslager wäre das biegsame, leichte und herrlich undurchdringliche Polyetylen, die am meisten verbreitete

Art Plastik, Primo Levi wohl von großem Nutzen gewesen. Besonders das Polyethylenterephthalat, das mit seiner berühmten Inschrift PET ein vielgenutztes thermoplastisches Harz ist, häufig in Lebensmittelverpackungen und auch in Flaschen eingesetzt wird. Der Meister aus dem Piemont beschrieb es, mit feiner Ironie, als »ein bisschen zu unzerstörbar«. In der Natur braucht es Hunderte von Jahren, um sich biologisch abzubauen.

EIN UNVERDIENT SCHLECHTER RUF

Wie das Adjektiv »nuklear« genießt auch das Substantiv »Plastik« heute einen schlechten Ruf. Atomkerne und Plastik a priori zu dämonisieren verschafft uns zwar vielleicht ein besseres Gefühl, trägt aber schwerlich zu einer globalen Lösung komplexer Probleme bei. Die Nuklearmedizin ist eine unverzichtbare Errungenschaft der modernen Medizin, und die Nuklearenergie wird unverzichtbares Element eines energetisch nachhaltigen und CO_2 freien Maßnahmenpakets sein. Ebenso wird Plastik an vielen Stellen eingesetzt, die unsere Lebensqualität verbessert haben. Denken wir nur an die Verwendung in Krankenhäusern – Spritzen, Beutel, Katheter, um nur einige Beispiele zu nennen – und wie sehr sich die Hygiene und Effizienz moderner Behandlungen dadurch verbessert hat. Denken wir auch an seine Verwendung bei der sterilen Aufbewahrung von Medikamenten und Lebensmitteln, in der Produktion von Motorrad- und Fahrradhelmen, Kindersitzen, Airbags oder um generell Autos und andere Transportmittel leichter zu machen und dadurch ihren Treibstoffverbrauch und die daraus folgenden CO_2-Emissionen zu mindern. Das Problem ist nicht das Plastik, sondern die Wegwerfkultur, die wir daraus entstehen lassen. Ein echter Widerspruch in Anbetracht der Langlebigkeit des Materials. Daran ist nicht das Plastik schuld, sondern beispielsweise die Tatsache, dass wir bereits geschälte Orangen in den Supermärkten darin einwickeln (*sic!*), unvorstellbare Mengen an Wasserflaschen produzieren, die benutzt und schon wenige Minuten darauf weggeworfen werden, unnötige Verpackungen kaufen, Behälter nicht wiederverwenden.

Es ist vor allem unsere Verantwortung, die wir auf der reichen Seite des Planeten leben. Jeden Tag haben unsere Handlungen als menschliche Wesen Einfluss auf die Erde und die Umwelt. Einige dieser Handlungen sind nützlich, andere nicht. Wir werden uns nur durch individuell wie kollektiv verantwortlicheres Handeln retten können. Und mithilfe der Wissenschaft. Die Wissenschaft, und insbesondere die Chemie, können einen enormen Beitrag leisten zu einer saubereren Welt und einer nachhaltigeren Entwicklung. Zunächst einmal ist das Wichtigste die Verbreitung der Wissenschaft. Denn individuelles Verhalten und eine Gemeinschaftspolitik, die die Umwelt und ihre Kreisläufe mehr in den Blick nimmt, sind umso weiter verbreitet, je informierter und problemorientierter die Menschen sind und über ein Wissen verfügen, das aus sicheren Quellen stammt und nicht vom Hörensagen oder aus Großstadtlegenden. Und dann folgt natürlich die Forschung an sich.

Wissen ist wichtig. Betrachten wir beispielsweise die chemische Formel, die den Verbrennungsprozess von Methan beschreibt:

$$CH_4 + 2\,O_2 \rightarrow CO_2 + 2\,H_2O \qquad (1)$$

Auf den ersten Blick wirkt sie kompliziert, aber wenn wir sie in Ruhe studieren, liefert sie uns viele Informationen. Es sei vorausgeschickt, dass die Verbrennung ein schneller chemischer Oxidationsprozess ist, bei dem der Brennstoff mit einem Oxidationsmittel, dem Sauerstoffträger, reagiert. Bei der Oxidierung gibt die oxidierte Substanz Elektronen an die die Oxidierung auslösende Substanz ab. Im Fall der Verbrennung ist das Oxidationsmittel typischerweise der Sauerstoff, während die Brennstoffe gasförmig, flüssig oder fest und natürlichen oder künstlichen Ursprungs sein können. Im Brennstoff gespeicherte chemische Energie wird umgewandelt in Wärmeenergie (die der Flamme zugeordnete Wärme) und oft auch in elektromagnetische Strahlung (das Licht).

Um es detaillierter zu beschreiben, besagt die Formel (1), dass ein Methan-Molekül (CH_4) aus einem Kohlenstoff-Atom (C) und vier Wasserstoffatomen (H) besteht. Darüber hinaus bestätigt sie uns, dass die Verbrennung des Methans Sauerstoff (O_2) verlangt. Wer erinnert sich nicht an das Experiment aus Kindertagen, dass eine Kerze erlischt, wenn man einen umgedrehten Becher über die Flamme stülpt und der Sauerstoff aufgebraucht ist? Nebenbei bemerkt, wenn eine Verbrennung unter unzureichender Sauerstoffzufuhr stattfindet – wie in diesem Kinderexperiment –, entwickelt sich auch das höchst gefährliche und giftige Kohlenstoffmonoxid (CO).

Schließlich verdeutlicht die Formel, dass bei der Verbrennung von Methan zwangsläufig (es handelt sich um eine chemische Formel, kein Ammenmärchen!) Kohlendioxid (CO_2) und Wasser (H_2O) entstehen. Und darin liegt das Problem. Weil Methan ein fossiler Brennstoff ist, enthält es, wie alle anderen fossilen Brennstoffe – Kohle, Gas, Öl – Kohlenstoff. Das Adjektiv »fossil« kommt tatsächlich von Lateinisch *fossilis*, etwas, das man durch Ausgraben erhält, das wiederum auf das Verb *fodere*, graben, zurückgeht. Der Begriff »fossil« bezeichnet generisch jeden Rest eines pflanzlichen oder tierischen Organismus, der in vergangenen Zeiten gelebt hat und dessen Überreste Teil der Erdkruste geworden sind. Die aktuellen Brennstoffe auf unserem Planeten sind in der Tat prähistorische Pflanzen und Tiere, die vor Hunderten Millionen Jahren lebten. Als sie starben, wurden sie von Schichten aus Stein, Schlamm und Sand bedeckt, über denen sich zuweilen Seen und Wasserläufe bildeten. Im Lauf von Millionen Jahren zersetzten sie sich und wurden zu fossilen Brennstoffen. Erdöl und Gas beispielsweise gehen auf Organismen zurück, die im Wasser lebten, wie Algen und Protoplankton.

Jeder fossile Brennstoff oder Brennstoff biologischen Ursprungs produziert bei der Verbrennung CO_2 und trägt also zum Treibhauseffekt bei. Eine einfache Formel, bestehend aus wenigen Symbolen, erklärt auf elegante und gleichzeitig unerbittliche Weise, was uns erwartet, wenn wir nicht bald unseren Kurs ändern. Und, aufgemerkt, was uns menschliche Wesen dann erwartet. Denn der Planet wird unsere Schandtaten überstehen, die üppigen Wälder rund um Tschernobyl zeugen eindrücklich davon. Wir selbst sind es, die wir es riskieren, ausgelöscht zu werden.

Wie wir zu Anfang des Kapitels gesehen haben, ist die Chemie Teil der Welt, die uns umgibt, und sie hilft uns, die Ressourcen des Planeten zu unserem Wohlergehen zu nutzen. Chemiker stellen viele der Materialien her, aus denen die Objekte bestehen, mit denen wir täglich umgehen, von der Elektronik bis hin zur Medizin, und sie helfen dem Menschen, die Ressourcen zu nutzen, die der Planet ihm zur Verfügung stellt. Doch die Chemie spielt auch eine wichtige Rolle dabei, die Nachhaltigkeit unserer Welt zu verbessern und die Bedürfnisse ihrer Bewohner zu befriedigen, besonders derjenigen in den ärmeren Regionen, wie auch der zukünftigen Generationen.

Die sogenannte Grüne Chemie oder Nachhaltigkeitswissenschaft kann nicht nur dazu beitragen, den Planeten wieder zu säubern, sondern auch, zukünftige Verschmutzung zu vermeiden. Sie kann uns helfen, zu verstehen, zu überwachen, zu schützen und die Umwelt aufzuwerten, die uns umgibt, beispielsweise indem sie Instrumente und Techniken entwickelt, um die Verschmutzung von Wasser und Luft zu beobachten, zu messen und zu reduzieren. Das detaillierte Verständnis der Verschmutzung ist essentiell, um die Auswirkungen auf die

Gesundheit – beispielsweise den Zusammenhang zwischen gesundheitlichen Problemen und Luftverschmutzung – zu analysieren und Technologien zu ihrer Reduktion zu entwickeln. Ihre akkurate Messung erlaubt es festzustellen, wie ernst es die Politiker mit den Maßnahmen zur Verbesserung der Luftqualität meinen. Ebenfalls dank der Wissenschaft können Emissionen durch Transportmittel reduziert werden, durch die Entwicklung saubererer Brennstoffe und einer besseren Effizienz der Motoren, durch neue Technologien für Automobile – wie Batterien und Brennstoffzellen für Wasserstoffautos. Weiterhin können die Kontrollmechanismen der Abgasverschmutzung von Autos durch Partikelfilter oder Drei-Wege-Katalysatoren verbessert werden, die in Benzinmotoren das Kohlenstoffmonoxid, den unverbrannten Kohlenwasserstoff und die Stickstoffoxide reduzieren. Es ist nicht auszuschließen, dass in näherer Zukunft sogar Kleidungsstücke und Gebäude die Luft durch photokatalytische Prozesse reinigen können, die alleine auf Basis von Sauerstoff und Licht funktionieren.

POSTHUME EHRE

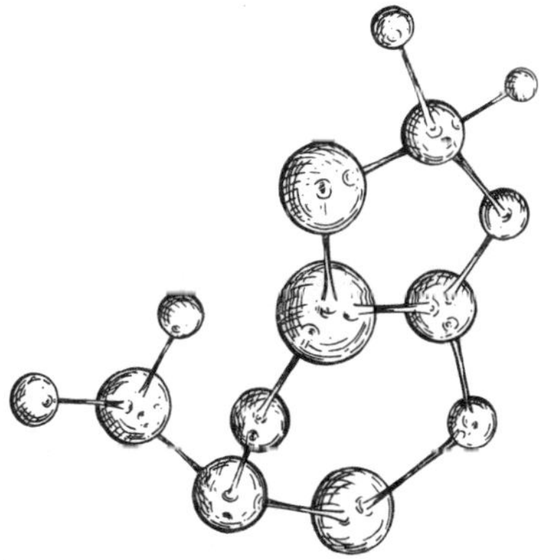

Unter den legendären Zweiundsiebzig – denen am Eiffelturm, versteht sich – ist einer, der beinahe nicht dort aufgenommen worden wäre. Das ist Gustave de Coriolis, nach dem ein wichtiges physikalisches Phänomen benannt ist, der »Coriolis-Effekt«. Die Corioliskraft ist eine scheinbare Kraft, die nur in Bezug auf ein rotierendes Beobachtungssystem auf einen sich bewegenden Körper wirkt. In Bezug auf die rotierende Erde ist die Corioliskraft beispielsweise für die Entstehung von Zyklonen und Antizyklonen in der Atmosphäre verantwortlich. Es gäbe diese Kraft in der Erdatmosphäre nicht, würde die Erde sich nicht drehen. Bereits Giovanni Battista Riccioli (1598–1671), Jesuit und Astronom, ahnte von ihrer Existenz, doch weil er noch nicht die Instrumente hatte, um sie zu messen, vor allem aber weil er irgendwie Opfer seiner geozentrischen Vorurteile war, schloss er, dass weil sich (laut ihm) die Erde nicht drehte, die Theorie zwangsläufig falsch sein müsste. Und überließ so Gustave de Coriolis 150 Jahre später die Ehre der Entdeckung und den darauffolgenden Ruhm. Sich selbst gab er mit einer kleineren Rolle in der Geschichte der Wissenschaft zufrieden, die auf der Erarbeitung einer der ersten Mondkarten basierte, und darauf, dass ein Asteroid und ein unbekannter Mondkrater seinen Namen tragen.

Wer hingegen richtiggelegen hatte, doch von seinen Zeitgenossen nicht verstanden worden war, war der italienische Wissenschaftler Lorenzo Romano Amedeo Carlo Avogadro, Graf von Quaregna und Cerreto, Amedeo für seine Freunde. Geboren in Turin im Jahr 1776, studierte er Rechtswissenschaft mit Schwerpunkt Kirchenrecht. Kodizes und dicke Wälzer behagten ihm jedoch nicht sonderlich, und bereits in jungen Jahren verlagerte er sein Interesse auf die Wissenschaft, wo er in kürzester Zeit glänzende Resultate erzielte, die zu Grundpfeilern der modernen Chemie werden sollten. Im Besonderen formulierte er das Gesetz, das heute als Avogadrosches Gesetz mehr oder weniger bekannt ist. Es besagt, dass gleiche Volumina verschiedener Gase bei derselben Temperatur und gleichem Druck dieselbe Anzahl von Molekülen enthalten. Dasselbe Ergebnis erzielte einige Jahre später jener André-Marie Ampère, von dem wir im letzten Kapitel ausführlich sprachen. In seinen Schriften führte er beispielsweise als Erster die Unterscheidung zwischen »Elementmolekül« (Moleküle aus Atomen desselben chemischen Elements) und »Verbindungsmolekül« (Molekülen aus Atomen verschiedener chemischer Elemente) ein, und er vermutete die Teilbarkeit der Verbindungsmoleküle. Wie Marco Ciardi in seinem Buch *Il segreto degli elementi* (Dt.: Das Geheimnis der Elemente) schreibt, sind die einfachen Moleküle Avogadros zur damaligen Zeit noch keine Einheiten, denen eine reale physische Existenz zugeschrieben wird, sondern sie gelten als abstrakte Einheiten von mathematischem Charakter. All dies waren extrem innovative Konzepte für jene Zeit, die, obwohl sie verschiedenen anders nicht erklärbaren experimentellen Ergebnissen eine kohärente Erklärung gaben, doch von der Welt der Wissenschaft mit wenig Begeisterung aufgenommen wurden. Erst 1860, vier Jahre nach dem Tod Avogadros und dank dem Beitrag eines italienischen Chemikers, Stanislao Cannizzaro, wurde schließlich ihre fundamentale Bedeutung anerkannt.

Die geringe Anerkennung, die Avogadro zu Lebzeiten erfuhr, wurde dadurch wettgemacht, dass die wichtigste Konstante in der Chemie schließlich seinen Namen erhielt. Ebenjene Avogadro-Konstante, die heute die Neudefinition einer der sieben fundamentalen Einheiten des Internationalen Systems erlaubt, das Mol.

WER WIRD MILLIARDÄR?

Mit großen Zahlen zu hantieren ist für gewöhnlich kein einfaches Unterfangen für den menschlichen Geist und auch nicht wirklich praktikabel. Während wir es schaffen, uns eine Gruppe von zehn Personen vorzustellen, 20 Schafen, 100 Büchern, geraten wir – ausnahmslos – ins Schwanken, wenn die Zahlen steigen. Denken wir beispielsweise an die Definition von Millionären und Milliardären. Natürlich würde jeder von uns vorziehen, Milliardär zu sein statt Millionär, denn Milliarden sind mehr als Millionen. Aber wie viel mehr? Ist das wirklich so ein großer Unterschied? Intuitiv ist das schwer zu beantworten, auch weil die meisten von uns keine Erfahrung haben, was es bedeutet, Millionär oder Milliardär zu sein. Dem World Wealth Report zufolge gibt es in Deutschland circa 1,6 Millionen Menschen mit einem beweglichen Vermögen von über einer Million Dollar, etwa ein Prozent der erwachsenen Bevölkerung. Wirklich wenige. Wenn wir die Million und die Milliarde jedoch in etwas übersetzen, mit dem wir direktere Erfahrung haben, wie etwa die Zeit, dann sieht es anders aus. Nehmen wir eine Million Sekunden: das sind ungefähr 11,5 Tage. Eine Milliarde Sekunden dagegen entsprechen 32 Jahren. Ein Weihnachtsurlaub gegen den signifikanten Teil eines ganzen Lebens. Jetzt ist es leichter, den Unterschied zu begreifen.

Große Zahlen sind häufig auch wenig praktisch. Nehmen wir an, in einer Druckerei sollen 10.000 Exemplare eines Flugblatts im Format A4 gedruckt werden. Der Drucker geht ins Lager und prüft seine Papierbestände. Müsste er jedes Blatt einzeln zählen, wäre das ein mühsames Unterfangen. Viel einfacher ist das Zählen pro Ries, in dem Wissen, dass jedes Ries 500 Blatt enthält. Zählt er auf den Regalen mindestens 20 Ries, was im Handumdrehen erledigt ist, hat er genug. Hat er weniger, muss er bestellen. Eine ähnliche Logik gilt beim Obst: Wassermelonen kaufen wir pro Stück, aber sicher nicht die Kirschen, die nach Gewicht gehen. Niemandem käme in den Sinn, 100 Kirschen zu kaufen, und wir haben spontan auch keine Vorstellung, ob das viele oder wenige in unserer Vorratskammer wären. Wenn wir jedoch an 800 Gramm Kirschen denken, dem Gewicht von etwa 100 Kirschen, wissen wir sofort, dass dies ausreicht, um sie als Nachtisch bei einem Abendessen mit sechs Gästen zu reichen, aber es entschieden zu viele sind, um sie alleine zum Kaffee zu verzehren.

Etwas Ähnliches geschieht auch, wenn man den Mikrokosmos studiert, das heißt, wenn man sich in die Windungen der Materie hineinbegibt, wie es Physiker und Chemiker tun. Ein Beispiel? Das Wasser. Sein Molekül in chemischer Notierung schreibt sich H_2O. Es besteht also aus zwei Wasserstoffatomen und einem Sauerstoffatom. Um es zu erzeugen, muss man Wasserstoff und Sauerstoff im richtigen Verhältnis zur Reaktion bringen, nach einer Formel, die die Chemiker wie folgt notieren:

$$2H_2 + O_2 \rightarrow 2H_2O \qquad (2)$$

Aus der Sprache der Chemie ins Deutsche übersetzt, liest sich die Formel folgendermaßen: Zwei Wasserstoffmoleküle verbinden sich mit einem Sauerstoffmolekül, um zwei Wassermoleküle zu bilden. Es ist nötig, diese Proportionen einzuhalten, denn das Sauerstoffmolekül hat zwei Atome, während in einem Wassermolekül eines ausreicht. Jetzt versetzen wir uns mal in jemanden hinein, der aus Sauerstoff und Wasserstoff eine gewisse Menge Wasser herstellen möchte. Wenn wir hausgemachte Tagliatelle zaubern wollen, genügt es, ein Ei auf 100 Gramm Mehl zu verwenden. Relativ leicht, das zu zählen und zu wiegen. Aber mit Atomen und Molekülen, wie macht man es da? Diese mikroskopischen Objekte – ein Wasserstoffatom ist weniger als einen Milliardstel Meter groß – sind praktisch unsichtbar. Sie können sicher nicht durch direkte Beobachtung gezählt werden. Wir müssen versuchen, das Maß an etwas Handhabbareres anzulegen. Hier kommt also das Mol ins Spiel, wenn man so will, eine Art Ries für Atome und Moleküle.

Um die Anzahl mikroskopischer kleiner Einheiten (Atome oder Moleküle) zu bestimmen, verwendet man eine physikalische Größe, genannt Stoffmenge. Die Stoffmenge ist eine der sieben fundamentalen Größen des Internationalen Einheitensystems. Es ist eine fundamentale Größe der Chemie und misst, wie viele Atome oder Moleküle in einer bestimmten Menge Materie vorhanden sind, beispielsweise die Zahl der Moleküle in einem Liter Wasser. Die Maßeinheit der Stoffmenge ist das Mol, und hier kommt Avogadro ins Spiel. So wie man beschlossen hat, dass ein Ries exakt 500 Blatt Papier enthalten soll, hat man beschlossen, dass ein Mol exakt die Anzahl von kleinsten Teilchen des gegebenen Stoffes von – na, bereit für eine große Zahl? Wirklich, so eine große Zahl? – 602.214.076.000.000.000.000.000 enthielte. Eine ziemlich bedeutsame Zahl für die Wissenschaft, eine universelle Konstante, die eben deshalb nach Avogadro benannt worden ist, um seinen grundlegenden Beitrag zur modernen Chemie anzuerkennen. Die Avogadro-Konstante ist eine Zahl, die aus einer tiefgreifenden wissenschaftlichen Debatte hervorging und mit ständig wachsender Präzision bestimmt wurde, bis sie mit der Revolution des Internationalen Einheitensystems von 2019 als fundamentale Konstante für die Neudefinition des Mol herangezogen wurde, das bis dato auf kompliziertere Weise und in Abhängigkeit vom Kilogramm definiert worden war.

Ein Mol Stoffmenge ist wesentlich handhabbarer und, in Gewicht gesprochen, makroskopischer. Das Mol als Stoffmenge übeführt gleichsam das Molekulargewicht gemäß Periodensystem (die Ordnungszahl) in korrespondierende Gramm-Werte. So entspricht ein Mol molekularer Sauerstoff 16 Gramm Substanz, eines von molekularem Wasserstoff zwei Gramm, eines von Wasser 18 Gramm. Viel vernünftigere Zahlen als die Masse eines einzelnen Wasserstoffmoleküls, die, ausgedrückt in Kilogramm, eine so kleine Zahl ist, dass 26 Nullen hinter dem Komma stehen. Das Mol verbindet also die unsichtbare mikroskopische Welt mit der beobachtbaren makroskopischen, und wie das Ries für den Drucker erleichtert es die Arbeit für den Chemiker. Mithilfe des Mols kann man eine einfache Verbindung zwischen der Stoffmenge und seiner Masse in Kilogramm oder Gramm herstellen. Die Avogadro-Konstante ist dabei ein Umrechnungsfaktor, eine Art Brücke, die die »erschreckenden« Mengen der Atome oder Moleküle in die wesentlich beruhigenderen der Stoffmenge übersetzt.

WER SICH NICHT ZUR ANDEREN SEITE DREHT

Am 9. November 1943 beginnt die Universität von Padua ihr 722. akademisches Jahr. Italien erlebt währenddessen eines der dunkelsten Zeitalter seiner jüngsten Geschichte. Nur zwei Monate zuvor der Waffenstillstand von Cassibile, bei dem sich Italien aus dem Bündnis mit dem Deutschen Reich löste, dann die Befreiung Mussolinis aus dem Hotel Campo Imperatore und die Ausrufung der Italienischen Sozialrepublik. Seit ganz kurzer Zeit im Amt war der neue Rektor der Universität Concetto Marchesi, berühmter Latinist, aber auch Kommunist und überzeugter Antifaschist. Marchesi war Anfang September ins Amt gekommen, nominiert von der neuen Regierung anstelle seines vom faschistischen Regime gewählten Vorgängers. Sein akademischer Auftrag liegt klar zutage, und er fasst ihn in einem Interview mit dem *Messaggero* vom 10. September zusammen, der mit den Worten endet: »[Dieses] neue Leben muss sofort beginnen, durch die italienischen Universitäten zu pulsieren. [...] Es ist meine Absicht, ab sofort die Bühne der Universitätsstudien freizugeben [...], wo möglich, zu diskutieren und zu erfahren, was Freiheit ist, welche die wirtschaftlichen und politischen Doktrinen sind, die man anstreben oder ablehnen sollte, welche schließlich die übergeordneten Interessen des Vaterlandes sind, der Menschen, des arbeitenden Volkes. Dies muss die neue Luft sein, die ab sofort die italienischen Universitäten

durchdringt, dies der neue Atem, der ab sofort der universitären Jugend eingehaucht werden muss.«

Innerhalb kürzester Zeit jedoch wendet sich das Blatt, und Norditalien wird vom wiedergeborenen Faschismus der Repubblica di Salò erdrückt. Marchesi reicht seinen Rücktritt als Rektor ein, der jedoch von der Italienischen Sozialrepublik nicht akzeptiert wird. Sein akademischer Ruf war derart gut, dass – ein Einzelfall eher als eine Seltenheit – eine der größten Universitäten des Nordens weiterhin seinen kommunistischen Rektor behielt. Seine Einführung am 9. November wurde also zum gezielten Akt gegen das Regime. Wie die Chroniken berichten, agitiert in der überfüllten Aula eine Minderheit Studenten in der Uniform der Republik, damit die Versammlung ihre Treue zu Mussolini und zur Italienischen Sozialrepublik hält. Marchesi selbst kümmert sich darum, sie zu verjagen, und hält eine Rede, die in die Geschichte eingehen wird:

»Es gibt etwas Neues und Ungewöhnliches«, beginnt Marchesi, »wie ein großes Bedauern und eine große Hoffnung, die uns hier als Zuhörerschaft versammelt, mehr als das flüchtige Wort eines Mannes, die jahrhundertealte Stimme dieser ruhmreichen Universität, die heute die Lehrer und ihre Schüler hier zusammenruft; und die anwesenden Lehrer und die Schüler mögen für die Abwesenden, Vermissten, Gefallenen sprechen. So wird in einem kleinen Kreis, unter uns, heute ein Ritual stattfinden, das unser Bedauern heilig macht und die Hoffnung gewiss.« Der Direktor fährt fort: »Die Universität ist mit Sicherheit der höchste intellektuelle Trainingsraum der Jugend: wo langsam oder ungestüm die Probleme des Geistes aufsteigen, wo die Geister sich danach sehnen, zu erkennen oder wiederzuerkennen, was vielleicht nach wie vor die fundamentalen Wahrheiten der individuellen Existenz sind. Und wir Lehrer haben die Aufgabe, uns ganz zu zeigen, ohne Zurückhaltung und Verschweigen, diesen Jugendlichen, die uns nicht nur danach fragen, was das Ziel und das Vorgehen der einzelnen Wissenschaften ist, sondern auch danach, was auf diesem großen und grenzenlosen und geheimnisvollen Weg der Menschheitsgeschichte geschieht.«

Er beschließt seine Rede mit einem klaren Appell: »Meine Herren, in diesen Stunden der Angst, zwischen den Trümmern eines unversöhnten Krieges, beginnt das neue akademische Jahr unserer Universität. Auf dass es bei keinem von uns, junge Herren, am Geist der Rettung fehle, ist dies gewiss, wird alles wiederaufstehen, was schändlich zerstört worden ist, wird alles vollbracht, alles, was zu Recht erhofft worden ist. Jugend, vertraue auf Italien. Vertraue auf sein Glück, und es wird durch eure Disziplin und euren Mut wiederaufstehen: Vertraut auf Italien, das zur Freude und Zierde der Welt leben muss, auf Italien, das sich nicht versklaven lassen kann, ohne dass die menschliche Zivilisation leidet. An diesem 9. November des Jahres 1943 erkläre ich im Namen dieses Italiens der Arbeiter, der Künstler, der Wissenschaftler das 722. Jahr der Universität von Padua für eröffnet.«

Diese flammende Rede für die Freiheit und gegen die Knechtschaft des Faschismus markierte einen Wendepunkt (man findet sie in Gänze auf der Webseite der Universität von Padua). Wenige Wochen später musste Marchesi sein Haus verlassen, um bei Freunden in Padua, später in Mailand Zuflucht zu suchen. Von dort musste er weiter in die Schweiz fliehen, wo er bis zum Ende des Krieges blieb, wobei er eine enge Verbindung zum Widerstand hielt. In Venetien agierte Egidio Meneghetti als seine herausragendste Figur, Dozent für Medizin und Pharmakologie und Prorektor in Padua mit Marchesi bis 1943. Ein hervorragender Wissenschaftler, der grundlegende Beiträge in der Medizin leistete. Ab 1943 engagierte er sich aktiv im Widerstand. 1945 wurde er verhaftet, gefoltert und ins Lager in Bolzano gebracht, um schließlich in ein deutsches Konzentrationslager geschickt zu werden. Vor diesem Schicksal retteten ihn nur die durch starke Bombardierungen zerstörten Eisenbahnverbindungen zwischen Norditalien und Deutschland.

Etwas über ein Jahrhundert zuvor hatte Amedeo Avogadro den Lehrstuhl für mathematische Physik an der Universität von Turin inne, der den mathematischen Prinzipien der Wissenschaften gewidmet war. 1820–21 stand er den Hauptakteuren der revolutionären Aufstände nahe, die Europa erschütterten und in der akademischen und studentischen Welt im Piemont Resonanz fanden. Aus diesem Grund schaffte König Carlo Felice einige Professuren ab, unter anderem die Avogadros. Die Universität war in der Tat »glücklich, diesem bedeutenden Wissenschaftler eine Erholungspause von den anstrengenden Pflichten der Lehre zu gönnen, um mehr Aufmerksamkeit auf seine Forschung zu richten«.

Avogadro schaute nicht weg. Wie Marchesi, Meneghetti, Fritz Straßmann oder Silvio Trentin und viele andere zur Zeit des Nationalsozialismus – die Liste könnten wir leider ein ganzes Stück fortsetzen – in Ländern, in denen auch heute die Freiheit des Denkens, Lehrens und Forschens in Gefahr ist. Humanisten, Wissenschaftler, Mediziner, die den kritischen Geist, der aller Forschung innewohnt, zum Maß ihres gesellschaftlichen Lebens machten.

Das Motto der Universität von Padua, die im Jahr 2022 ihr 800-jähriges Bestehen feiert, lautet: »Universa Universis Patavina Libertas« (Paduanische Freiheit gilt universell für alle). Es ist der allumfassende Wunsch, dass die Universitäten und Orte des Wissens und der Lehre immer Leuchttürme der Freiheit, Akzeptanz und Toleranz sein mögen.

VII.
DIE CANDELA

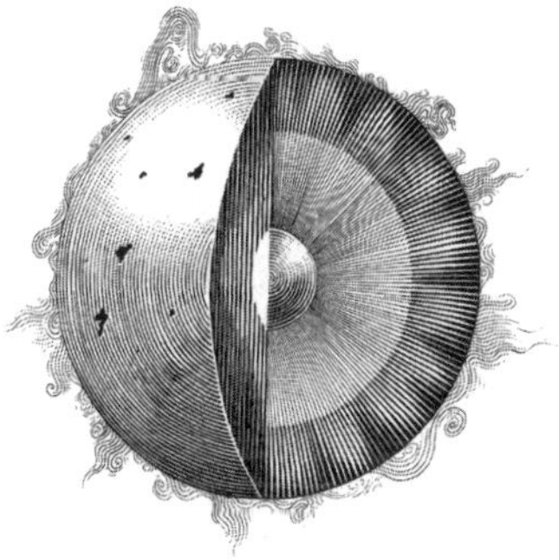

PORTRÄT DES NEUNTEN TAGES

Das Portrait von Ferdinando II. de' Medici, das 1626 von Justus Sustermans gemalt wurde und heute in der Galleria Palatina im Palazzo Pitti in Florenz aufbewahrt wird, ist das am wenigsten »botticellische« Gesicht der Sammlung der Uffizien. Die Definition stammt von den Galerien selbst (zu finden in einem Posting auf ihrer Facebook-Seite vom 9. Februar 2021), und man versteht sie sofort, wenn man das Bild betrachtet. Sustermans, berühmter Porträtmaler, der zwei weltberühmte Porträts von Galilei erstellte – auch sie werden in Florenz verwahrt –, bannte den damals 16-jährigen pockenkranken Ferdinando II. auf die Leinwand, am neunten Tag der Krankheit. Das Gesicht des jungen Adeligen ist vollständig bedeckt von Hautbläschen, die die klassischen Symptome der Krankheit waren. Diese traten, zusammen mit hohem Fieber, auch auf dem Rumpf auf und setzten sich im Rachen fort, wo sie die Essensaufnahme verhinderten, mit häufig fatalen Folgen. Wer das Glück hatte, zu überleben, trug für sein ganzes Leben tiefe Narben im Gesicht.

Dieses Porträt könnte Pietro Leopoldo, Großherzog der Toskana, dazu veranlasst haben, zum Impfbefürworter *ante litteram* zu werden. 1786 wandte sich der Großherzog nämlich an den niederländischen Wissenschaftler Jan Ingenhousz, um an sich selbst und später an seinen Kindern die wegbereitende Immunisierungstechnik gegen die Pocken zu erproben, die sogenannte Variolation, bei der Ingenhousz bereits einige Erfahrung besaß. Die Technik bestand darin, einen oberflächlichen Stich in die Haut des Patienten vorzunehmen, mit einer Nadel, die vorher mit der Flüssigkeit eines einem Patienten entnommenen Pockenbläschens getränkt worden war. Ingenhousz, geboren 1730, hatte dieses Verfahren bereits erfolgreich an Hunderten Personen in England durchgeführt. Aufgrund seines Ruhms rief ihn auch Kaiserin Maria Theresia von Österreich zu sich, die von ihm die Impfung für sich und ihre Familie verlangte. Die Pocken waren in der Tat eine recht gefürchtete Krankheit, die, wie man schätzt, allein im 18. Jahrhundert 60 Millionen Menschen in Europa das Leben kostete. Voltaire sprach in seinen Englandbriefen – einer Reihe im Jahr 1734 veröffentlichter Aufsätze, inspiriert durch seinen Aufenthalt in England – von einer Pockeninzidenz von etwa 60 Prozent der Bevölkerung, bei einer Sterblichkeit, die an die 20 Prozent heranreichte, und er wünschte, dass die Praxis der Impfungen auch in Frankreich Fuß fassen möge, wie es in Großbritannien geschehen war.

Wenige Jahrzehnte später entwickelte Edward Jenner die erste richtige Impfung, eben gegen die Pocken, die die erste Impfung mit großer Wirksamkeit war, die auf der Welt hergestellt wurde. Jenner bemerkte, dass Bauern, die mit dem Eiter von Kuhpocken in Berührung kamen, häufig immun gegen das Virus wurden, das den Menschen befiel, oder aber wesentlich abgeschwächte Symptome zeigten. So beschloss Jenner, nicht mit dem menschlichen Virus zu impfen, wie es bis dahin geschehen war – natürlich mit einem gewissen Risiko –, sondern mit jenem der Rinder. Dank der Impfung wurden die Pocken, deren erste klinische Nachweise – bei ägyptischen Mumien – auf eine Zeit vor etwa 3.000 Jahren zurückgehen, vollständig auf der Erde ausgerottet.

ZUCKER UND SAUERSTOFF

Die Geschichte der Wissenschaft war nicht allzu großzügig mit Jan Ingenhousz. Nicht viele kennen ihn, auch wenn er durch den *Doodle* (das anlassbedingt wechselnde Suchmaschinenlogo), das Google ihm am 8. Dezember 2017, dem Tag seines 287. Geburtstags, widmete, ein Minimum an Berühmtheit erlangt hat. Und doch käme Ingenhousz ein Platz im kollektiven Gedächtnis zu. Tatsächlich war er es, der 1779 einen fundamentalen Beitrag zum Verständnis der Chlorophyllphotosynthese leistete, dem Prozess, mit dem die Pflanzen Lichtenergie in chemische Energie umwandeln.

Wenige Jahre zuvor hatte bereits der Philosoph und Chemiker Joseph Priestley Experimente durchgeführt, die zeigen, wie eine Pflanze in der Lage ist, den Sauerstoff neu zu bilden, der von einer Kerzenflamme verbraucht worden war, die brannte, bis sie unter einer Glashaube erlosch. Auf Ingenhousz geht dann die Erkenntnis der entscheidenden Rolle des Lichts im Zusammenspiel mit den Pflanzen zurück: Er bemerkte, dass die Blätter im Sonnenlicht Sauerstoff produzieren und im Dunklen Kohlenstoffdioxid. Er veröffentlichte seine Ergebnisse 1779 und beeinflusste damit entscheidend die weiteren Forschungen über das Leben der Pflanzen in den folgenden Jahrhunderten.

Heute wissen wir, dass Pflanzen, Algen und Cyanobakterien Sonnenlicht, Wasser und Kohlenstoffdioxid nutzen, um Sauerstoff zu bilden und Energie in Form von Zuckermolekülen zu speichern. Die Photosynthese ist ein entscheidender Prozess für das Leben auf der Erde, denn sie ermöglicht, enorme Mengen an Sonnenenergie zu sammeln und umzuwandeln. Der größte Teil der Lebewesen ist abhängig von der Photosynthese, um die komplexen organischen Moleküle zu bilden, die sie als Energiequelle brauchen. Die Zucker, die bei der Photosynthese entstehen, sind die Grundlage für die komplexeren aus der photosynthetischen Zelle gewonnenen Moleküle wie zum Beispiel Glukose. Es genügt sich vorzustellen, dass die Photosynthese auf der Erde im Durchschnitt 100 Trillionen Watt verbraucht, was etwa fünf- bis sechsmal der Leistungsmenge entspricht, die menschliche Aktivitäten benötigen.

Neben der Transformation von Energie ist ein weiterer Effekt der Photosynthese für das Leben fundamental wichtig: die Abgabe von Sauerstoff in die Erdatmosphäre. Der größte Teil der photosynthetischen Organismen erzeugt Sauerstoff als Nebenprodukt, doch die Entstehung der Photosynthese hat das Leben auf der Erde für immer verändert. Die photosynthetischen Organismen entfernen auch eine große Menge Kohlenstoffdioxid aus der Luft und nutzen die Kohlenstoffatome, um organische Moleküle zu bilden.

ACQUA AZZURRA, ACQUA CHIARA*

Unter den wundersamen Zufällen, die das Leben auf der Erde möglich gemacht haben, ist auch das erstaunliche Zusammenspiel von Sonne und Wasser. Zwei vollkommen verschiedene und physikalisch unabhängige Einheiten, deren Eigenschaften jedoch eng miteinander verbunden sind.

Die Sonne, unser Privatstern, ist ein natürlicher Atomreaktor, in dessen Innerem durch Kernfusion enorme Mengen von Nuklearenergie in andere Formen von Energie umgewandelt werden. Davon erreichen einige, wie die elektromagnetische Strahlung, die Erde. Die Sonne schmilzt 600 Millionen Tonnen Wasserstoff pro Sekunde und strahlt auf die äußeren Schichten der Erde in etwa 1360 Watt pro Quadratmeter ab – eine als Solarkonstante bekannte Zahl. Eine sehr große Menge, wenn man bedenkt, dass ein Quadratmeter in etwa der Fläche eines Küchentisches entspricht. Könnten wir all die Sonnenenergie auffangen und nutzen, die im Lauf einer einzigen Stunde auf einen Quadratmeter Erde trifft, könnten wir damit einen Kühlschrank den ganzen Tag lang betreiben.

Wenn wir jedoch die Kugelform der Erde hinzuziehen und die Tatsache, dass zu jedem Zeitpunkt nur ein Teil ihrer Oberfläche dem Sonnenlicht ausgesetzt ist, kommen auf der Erde im Durchschnitt circa 340 Watt pro Quadratmeter an.

* Hierbei handelt es sich um einen Liedtitel des Sängers Lucio Battisti von 1969.

All diese Energie befindet sich in einem empfindlichen Gleichgewicht, in dem Wasser eine wichtige Rolle spielt. Wasserdampf ist in der Tat einer der Hauptakteure des Treibhauseffekts, einem eigentlich natürlichen Prozess, der heute dramatisch durch den Menschen beeinflusst wird. Dieser Effekt hat dafür gesorgt, dass die Erde keine eiskalte Kugel ist, die durchs Universum taumelt, sondern die Wiege unzähliger Lebensformen werden konnte.

Die Durchschnittstemperatur der Oberfläche unseres Planeten beträgt 14 Grad Celsius und wird durch Sonneneinstrahlung, die zu einem Drittel von der Erde reflektiert und zu zwei Dritteln von ihr absorbiert wird, auf diesem Niveau gehalten. Der absorbierte Teil wird seinerseits wieder abgegeben, ebenfalls als elektromagnetische Strahlung, aber mit verändertem Aussehen. Die elektromagnetische Energie, die die Erde abgibt, hat andere Frequenzen als die Ursprungsstrahlung der Sonne und befindet sich hauptsächlich im Infrarotbereich. Ein nicht unerheblicher Unterschied, denn dieses Infrarotlicht wird von der Atmosphäre aufgenommen und wieder Richtung Erde zurückgestrahlt. Dieser Effekt verstärkt die Wirkung der Sonnenerwärmung, den sogenannten Treibhauseffekt. Heute hat er einen schlechten Ruf, aber in Wirklichkeit ist er, in seiner natürlichen Ausprägung, unabdingbar für das Leben auf der Erde. Ohne den Treibhauseffekt würde die Durchschnittstemperatur auf der Erde von den aktuellen etwa 14 Grad auf 18 Grad unter null fallen. Unser Planet wäre also praktisch eine Eiskugel.

Urheber des Treibhauseffekts sind Gase, die nur einen kleinen Anteil an der Zusammensetzung der Atmosphäre haben. Die meistvertretenen Gase wie Stickstoff und Sauerstoff, die jeweils 78 bzw. 21 Prozent der Atmosphäre ausmachen, produzieren einen vernachlässigbaren Treibhauseffekt. Quantitativ gesprochen ist der Hauptakteur tatsächlich das Wasser, oder besser der Wasserdampf, der im Durchschnitt einen Anteil von etwa 1 Prozent ausmacht. Ebenso wichtig, obwohl in viel geringerer Konzentration vorhanden, sind Kohlenstoffdioxid und Methan. Vom Ersteren, bekannt auch als CO_2, sind in der Atmosphäre etwa 400 PPM (parts per million) vorhanden, also 0,4 %, und noch weniger Methan. Trotz seiner geringen Konzentration spielt das CO_2 eine entscheidende Rolle, da es als Regulator fungiert: Seine Schwankungen verändern die Temperatur der Atmosphäre, was wiederum den Anteil an Wasserdampf beeinflusst. Das hat weit dramatischere Auswirkungen auf den Treibhauseffekt. Wie man sieht, ein empfindliches Gleichgewicht, bei dem kleine Veränderungen große Auswirkungen haben. Deshalb ist der vom Menschen verursachte ständige Anstieg von CO_2 in der Atmosphäre so gefährlich für unseren Planeten.

Außer in der Atmosphäre findet die Interaktion zwischen Sonne und Wasser auch in den irdischen Ozeanen statt. Von der elektromagnetischen Strahlung, die die Sonne abgibt, besitzt ein Teil eine für das menschliche Auge sichtbare Wellenlänge. Normalerweise erscheint uns das Sonnenlicht gelb-weiß, aber in Wirklichkeit besteht es aus vielen miteinander »vermischten« Farben. Es ist das sogenannte sichtbare Spektrum, das aus Wellenlängen von etwa 400 bis 700 Milliardstel Metern besteht. Jedem Intervall von Wellenlängen entspricht, verkürzt gesagt, eine Farbe. Die einzelnen Farben erscheinen beispielsweise im Phänomen des Regenbogens. Eine einzigartige und grundlegende Tatsache für das Leben ist, dass das Wasser eine Vorliebe für das sichtbare Licht hat. Es ist in der Tat ein ausgezeichneter Energieaufnehmer elektromagnetischer Strahlung. Für dieses Phänomen gibt es eine Vielzahl praktischer Beispiele. Eines, das wir beinahe alle zu Hause beobachten können, ist das Kochen in der Mikrowelle. Dieses funktioniert eben dadurch, dass die Wassermoleküle im Essen die besondere Wellenlänge der Mikrowelle absorbieren. Auch ein gutes Beispiel für die besondere Eigenschaft des Wassers, hochenergetische Strahlung aufzunehmen, findet sich im schwierigen Funkverkehr mit U-Booten oder in Wasserbecken, in denen ausgebrannte Brennmittel der Kernreaktoren gelagert werden.

Doch auch dieses Verhalten zeigt eine bemerkenswerte Ausnahme: das sichtbare Licht. In dem winzigen Intervall der Wellenlängen zwischen 400 und 700 Milliardstel Meter – scheinbar eine Kleinigkeit, im Vergleich zum gesamten Spektrum, das von Millionstel Nanometern bis hin zu Dutzenden Metern reicht – überträgt das Wasser das Licht. Es ist transparent. Dieses spektrale Intervall ist exakt das Intervall des sichtbaren Lichts. Es ist das Intervall, in dem die Sonnenstrahlung auf ihrem Maximum ist, auf das die Augen der Menschen und Tiere sensibilisiert sind und das von den Pflanzen und Algen bei der Photosynthese absorbiert wird. Im ultravioletten Bereich, knapp über dem sichtbaren, schnellt die Absorption des Wassers in die Höhe und erhöht unseren Schutz gegen die ultravioletten Strahlen der Sonne.

Die Transparenz des Wassers ist ein zentraler Schlüssel für die Meeresökologie. Mithilfe des Lichts sehen die Meerestiere ihre Beute. Außerdem ist die Sonne eine fundamentale Energiequelle für alle biologischen Phänomene, und mit dem Eindringen ihres Lichts kann Photosynthese stattfinden, die Nahrung für die Meeresfauna liefert und vor allem Sauerstoff für den Planeten. Für jeden unserer Atemzüge müssen wir den Ozeanen danken, denn man schätzt, dass gerade aus ihnen – als Ergebnis der Photosynthese von Algen und Phytoplankton – mindestens die Hälfte des Sauerstoffs in der Atmosphäre stammt. Ein Prozess, der schon viel länger existiert, als ihn die Pflanzen der Erde vollziehen, deren älteste fossile Überreste auf einen Zeitraum vor circa 470 Millionen Jahren datiert werden. Es wurden Fossilien von Cyanobakterien und Algen gefunden, die sogar 3,5 Milliarden Jahre alt sind.

Das Absorptionsspektrum des Wassers und der Höhepunkt im Spektrum der Sonnenstrahlung sind natürlich zwei physikalisch völlig voneinander unabhängige Phänomene, doch es ist ein Glück für das Leben auf der Erde, dass sie derart zusammenfallen und -wirken.

MIT MENSCHLICHEM MASS

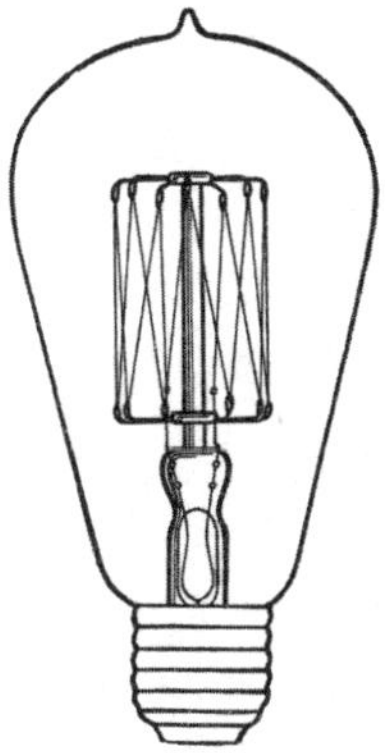

Allein aufgrund der Tatsache, dass der Beginn und das Ende unseres Lebens mit zwei Ausdrücken bezeichnet werden wie »das Licht der Welt erblicken« und »die Augen für immer schließen«, sind wir uns wohl alle einig, wie wichtig das Licht und das Sehen für das menschliche Leben sind. Die Sehkraft ist vielleicht der mächtigste der menschlichen Sinne, und das Licht ist in allen großen Weltreligionen ein omnipräsentes Symbol und eine der ältesten Metaphern des Menschen für Einsicht, Weisheit und Wahrheit. In der Bibel beispielsweise schuf Gott, gleich nachdem er Himmel und Erde erschaffen hatte, das Licht (Genesis, 1,3), noch vor den Sternen. Es ist darum nicht verwunderlich, dass die Maßeinheit des Lichts, oder genauer der Lichtstärke, diejenige ist, die im Internationalen Einheitensystem am meisten an den Menschen gebunden ist. Noch heute, in unserer hypertechnologisierten Welt, trägt sie den Namen eines der ersten Leuchtmittel, der Kerze (Lat. *candela*).

Die Candela ist die siebte und letzte fundamentale Einheit des Internationalen Systems. Sie misst die Lichtstärke, technisch ausgedrückt ist das die von einer punktförmigen Lichtquelle abgegebene Leistung pro Raumwinkel in einer bestimmten Richtung. Eine objektiv betrachtet etwas abstruse Definition, aber es ist nicht nötig, in die Details zu gehen.

Wichtig ist, dass die Kerze die zugrunde liegende Einheit für die Fotometrie ist, die Wissenschaft zur Vermessung des vom menschlichen visuellen System wahrgenommenen Lichts. Sie repräsentiert nicht die gesamte Menge eines von einem Objekt abgegebenen Lichts; diese wird durch den Lichtstrom ausgedrückt, der wiederum eine eigene Einheit, das Lumen, besitzt, heute bekannt, weil sie auf den Glühbirnenpackungen erscheint. Die Leistungen einer Glühbirne werden tatsächlich nicht in Candela gemessen, sondern in Lumen, die anzeigen, wie viel die Glühbirne insgesamt abstrahlt, in alle Richtungen. Das geht auf eine praktische Notwendigkeit zurück, denn die Angabe in Lumen sagt uns, wie gut die Glühlampe den Raum erhellt, in dem sie angebracht wird.

Die Candela dagegen ist eine Angabe der Helligkeit der Lichtquelle beim direkten Sichtkontakt. Um die Idee des Lichts, das sich im dreidimensionalen Raum ausbreitet, mathematisch darzustellen, benutzt man den Raumwinkel, der in mancherlei Hinsicht die dreidimensionale Fortsetzung des ebenen (zweidimensionalen) Winkels ist. Nehmen wir eine Torte (von 360°) und schneiden sie in sechs Stücke. Jedes Stück definiert nun einen 60°-Winkel mit der Spitze im Inneren der Torte. Jetzt nehmen wir einen Ball. Ein Raumwinkel ist ein kegelförmiger Teil einer Kugel mit der Spitze im Kugelmittelpunkt und wird gemessen in Steradianten. Das Lumen benutzt man also für die gesamte abgegebene Strahlung, die Candela nur für diejenige, die ein Beobachter, der eine Glühbirne anschaut, sehen kann. Darüber hinaus wird die Candela auch nicht als Maß der Leuchtkraft für jede Art elektromagnetischer Strahlung verwendet, wie beispielsweise Röntgenstrahlung, Mikrowellenstrahlung, Radiowellen usw. Für sie benutzen wir das Watt. Die Candela ist also eine ziemlich einzigartige und recht anthropozentrische Einheit: Sie misst das Licht, das unsere Augen wahrnehmen – das sichtbare Licht –, das direkt von einer Quelle ausgeht, die in unserem

Blickfeld liegt, und im Besonderen jenen Teil, der unser Auge erreicht.

Jahrtausendelang war die Flamme unsere einzige künstliche Lichtquelle. Auch 1875 war sie das noch, als 17 Nationen in Paris die *Convention du Mètre* unterschrieben. Die Entwicklung der elektrischen Glühbirne hatte gerade begonnen, als 1878 Joseph Wilson Swan die erste Kohlefadenlampe patentierte. Gleichzeitig arbeitete in den Vereinigten Staaten Thomas Edison daran, und drei Jahre später, 1881, war das Savoy Theatre in London das erste öffentliche Gebäude, das Glühbirnen nutzte. Es sollte jedoch noch Jahrzehnte dauern, bis die elektrische Beleuchtung sich in großem Maßstab zu verbreiten begann.

Das Jahr der Wende war das Jahr 1948. Bis dahin wurden verschiedene Standards genutzt, um die Leuchtkraft anzugeben. Im Allgemeinen basierten sie auf der Leuchtkraft einer echten Kerzenflamme als Referenzwert und damit auf einer wohldefinierten Zusammensetzung und Form. Oder aber auf der Leuchtkraft eines Glühfadens, ebenfalls mit vordefinierten Eigenschaften. Es war unvermeidlich, dass die einzelnen Einheiten uneinheitlich waren. Und wie es auch bei den anderen Grundeinheiten geschah, verlangte der Fortschritt des Wissens und der Anwendungen der Fotometrie eine Einigung auf eine verlässlichere und universellere Maßeinheit des Lichts. So beschloss man 1948, als Referenzwert das Licht zu verwenden, das bei der Wärmestrahlung eines Schwarzen Körpers entsteht, von dem wir im Kapitel über das Kilogramm sprachen. Es handelt sich um eine Strahlung mit gut bekannten Eigenschaften, die von einem sehr heißen Metall ausgehen kann und darum reproduzierbar ist. Im Besonderen wählte man als Strahlungsmaterial das Platin an seinem Schmelzpunkt von 1768 Grad Celsius bei Atmosphärendruck.

Wie im Fall des Stabes, der den Meter definierte, oder des Kilo-Prototyps, bezog man sich bei der Candela auf ein menschliches Manufakt, das auch nicht leicht reproduzierbar war: ein Stück glühendes Platin. 1979 beschloss man darum, sich angesichts der Verfügbarkeit immer raffinierterer Lichtquellen und Lichtdetektoren vom Manufakt zu verabschieden und eine neue Definition zu schaffen. Ich werde sie zuerst aufschreiben, in dem Bewusstsein, dass sie kryptisch erscheinen mag. Aber wir werden gleich versuchen, sie zu erklären. Sie lautet:

»Die Candela (Einheitenzeichen cd) ist die Einheit der Lichtstärke in einer bestimmten Richtung, von einer Quelle, die monochromatische Strahlung der Frequenz 540.000 Milliarden Hertz abgibt und eine Leuchtkraft in dieser Richtung von 1/683 Watt pro Steradiant hat.«

Zugegeben, das ist nahezu unverständlich. Versuchen wir, den Strang zu entwirren. Fangen wir mit dieser Lichtquelle an, »die monochromatische Strahlung der Frequenz 540.000 Milliarden Hertz abgibt«. Nun, das ist eine Quelle, die grünes Licht abstrahlt. Denn elektromagnetische Wellen mit einer Frequenz von 540.000 Milliarden Hertz entsprechen dem Farbton Grün. Und dieser ist nicht zufällig gewählt: Gerade aufgrund dieses grünen Farbtons ist die Sensibilität des menschlichen Auges unter Tageslichtbedingungen, dem sogenannten photopischen Sehen, maximal. Die 683, geben wir es zu, erscheint wie eine magische Zahl. Und um ehrlich zu sein, ist sie das auch ein wenig. Oder, besser gesagt, wurde sie eben darum absichtlich gewählt, damit die Leuchtkraft der grünen Referenzquelle möglichst genau mit der einer echten Kerze übereinstimmt. Auf diese Weise entspricht die neue »Kerze« der historischen.

Der Übergang zum Internationalen System, in dem alle Grundeinheiten vollständig auf universellen Konstanten basieren, hatte relativ wenige Auswirkungen auf die Definition der Candela. Im Grunde wurde als Referenzkonstante die Leuchtkraft der oben zitierten grünen Lichtquelle gewählt, gleichgesetzt mit $K_{CD} = 683$ Candela pro Steradiant pro Watt, wobei das

Watt – als sekundäre Einheit – durch die Grundeinheiten Meter, Sekunde und Kilogramm definiert ist und die jeweiligen universellen Konstanten, die ihnen zugrunde liegen. Im Unterschied zu den anderen universellen Konstanten wie der Lichtgeschwindigkeit im Vakuum c oder der Ladung des Elektrons e, die Eigenschaften des Universums sind, ist K_{CD} eine sehr menschliche Konstante. Ein Marsianer, der auf der Erde landet, hätte keine Schwierigkeiten, dem Wert von c und e zuzustimmen, aber wenn er ein anderes visuelles System hätte als wir, könnte ihm die Wahl von K_{CD} als völlig willkürlich erscheinen, das alleine aus Bequemlichkeit so festgesetzt worden ist.

MIT DER GRÖSSTEN BEFRIEDIGUNG

Der Glaube an die Wissenschaft hat neben dem individuellen Nutzen häufig den Vorteil, aktive Bürger und aufgeklärte Gesetzgeber zu befördern. So war zum Beispiel der toskanische Großherzog Pietro Leopoldo neben seinem Glauben an sanitäre Prävention auch ein Innovator der Strafgesetzgebung. Ihm verdanken wir den sogenannten *codice leopoldino* (Leopold-Kodex), der am 30. November 1786 veröffentlicht wurde. Er rezipiert darin die aufklärerischen Ideen zur Reformation des Strafrechts von Cesare Beccaria und reformiert auf entscheidende Weise die Strafgesetzgebung des Großherzogtums. Damit macht er es zum ersten Staat auf der Welt, der die barbarische Institution der Todesstrafe abschaffte. Wie der Großherzog selbst in der Einleitung zum Gesetzbuch schreibt: »Mit der größten Befriedigung in unserem väterlichen Herzen haben Wir schließlich erkannt, dass die Milderung der Strafen zusammen mit der aufmerksameren Vorsicht zur Prävention der sündigen Taten, und mittels der zügigen Abhaltung von Prozessen, der Schnelligkeit und Sicherheit der Bestrafung der wahren Delinquenten, anstatt die Zahl der Delikte zu erhöhen, die Zahl der gewöhnlichen merklich verringert und die der grausamen beinahe gänzlich ausgemerzt hat.« Klingt das nicht aktuell?

SCHLUSSBEMERKUNGEN

Wir haben nun das Ende unserer Entdeckungsreise der sieben Maßeinheiten der Welt erreicht.

Das Internationale Einheitensystem ist ein mächtiges und universelles Instrument, um die Natur, die Welt und uns selbst zu verstehen. Nach jahrzehntelanger Arbeit ist die Metrologie schließlich zu einem Maßsystem gelangt, das nicht länger von menschlichen Gegenständen abhängig ist, sondern von unveränderlichen Eigenschaften der Natur. Sollte rein hypothetisch der Mensch von der Erde verschwinden, mit all seinen Messgeräten, die er erschaffen hat – Meterstäbe, Waagen, Uhren –, könnte eine neue außerirdische Population, die den Planeten besiedelt, unser Maßsystem eins zu eins übernehmen, weil die Lichtgeschwindigkeit oder die Planck-Konstante sich niemals ändern werden. Das Maßsystem bleibt jedoch ein Instrument, und als solches liegt sein prinzipieller Mehrwert in der Meisterschaft desjenigen, der es benutzt. So wie ein Meißel ein einfaches Stück Eisen ist, solange er sich auf dem Tisch befindet, und zum Instrument wird, das die Pietà aus dem Marmor befreit, sobald es in den Händen Michelangelos liegt, so kann ein Konglomerat von Messungen von Elektrizität und Licht eine trockene Zahlenreihe bleiben oder zum experimentellen Fundament der Quantenmechanik werden.

Die Maße sind wichtig für unser Leben, unser Wohlergehen und den Fortschritt des menschlichen Bewusstseins, doch sie müssen mit Bedacht gewählt und genutzt werden. Jetzt, da wir die Schönheit dieser intellektuellen Konstruktion erkannt haben, die ein Maßsystem ist, müssen wir daran denken, wie viel Vorsicht bei seinem Gebrauch vonnöten ist, vor allem, wenn es genutzt wird, um kollektive Entscheidungen zu treffen. Sich beispielsweise auf ein unvollständiges Bündel an Maßen zu verlassen, um ein Ereignis oder ein System zu beschreiben oder zu lesen, birgt das Risiko, die Komplexität und viele wertvolle Aspekte aus dem Blick zu verlieren. Der Vermessungsprozess, der sich freiwillig auf eine Teilmenge der Eigenschaften beschränkt, die ein Phänomen beschreiben, kann von einem unparteiischen Erkenntnisinstrument zum Protagonisten für Verzerrungen werden. Der epochale Qualitätssprung der Computertomografie, dessen Geschichte wir zu Beginn des Buches erzählt haben, besteht eben darin, den einzigen Blickwinkel des traditionellen Röntgenbildes durch eine Vielzahl von Beobachtungen aus verschiedenen Blickwinkeln zu ersetzen.

Wollen wir die Umwelteigenschaften von Elektroautos bestimmen, genügt es nicht, sich beispielsweise darauf zu beschränken, die Reduktion des CO_2-Ausstoßes durch jedes Auto zu betrachten, sondern man muss auch in Betracht ziehen, woher die elektrische Energie stammt, die diese Autos betreibt, und wie viel CO_2 bei ihrer Produktion an anderen, vielleicht weit entfernten Orten von unserem Nutzungsraum freigesetzt wurde. Denn sonst stellen wir die saubere Luft dort heraus, wo sich das Elektroauto befindet, und glauben, das Problem gelöst zu haben, doch vergessen dabei, dass wenn die elektrische Energie – wie es heute geschieht – vornehmlich aus fossilen Brennstoffen stammt, wir ganz einfach die Verschmutzung anderswohin verschieben.

Wenn wir den Erfolg eines Gesundheitssystems nur an der Anzahl von Leistungen bemessen, die es verteilt, ohne zu überlegen, ob genügend Ressourcen auch in die Servicequalität fließen, ohne in Betracht zu ziehen, ob der Profit oder der Patient im Mittelpunkt der Aufmerksamkeit steht, riskieren wir falsche und diskriminierende Entscheidungen. Wenn wir die Wissenschaft mehr nach der Anzahl von Publikationen bemessen als nach ihrer Qualität und Leistung, die darin enthalten sind, hat die Forschung keine Zukunft. Wenn wir die Menschen allein anhand von kalten, vorgefertigten Leistungsschemata beurteilen, anstatt ihre Möglichkeiten und ihr Bemühen in Betracht zu ziehen, verlieren wir einen Teil unserer Menschlichkeit und senken nebenbei die Produktivität der Umgebung, in der sie arbeiten. Wenn wir auf Komplexität verzichten und alle Bewertungen mit Tabellen, Klassifizierungen und Grafiken vereinfachen, verdammen wir uns zu unvollständigen Maßen, die zu hyper-simplifizierten Entscheidungen und Politiken führen, die unfähig sind, eine würdige Zukunft zu erschaffen.

Maße sind ein wertvolles Mittel, hinter denen jedoch eine Menschheit stehen muss, die sie mithilfe der Wissenschaft und ihrer Methode interpretiert. In dem Bewusstsein, dass das Vermessen ein fundamentales Element des Verstehens ist, hat die Wissenschaft den Messprozess kodifiziert und ihn allgemeingültig gemacht, damit seine Resultate in jedem Augenblick geteilt und verifiziert werden können und als Fundament einer jeden Theorie dienen. Die Analyse und die Wahl der zu messenden Größe sind grundlegender Aspekt der experimentellen Praxis, mit dem Ziel, das zu untersuchende System so umfassend wie möglich zu charakterisieren und besonderes Augenmerk darauf zu legen, die größtmögliche Anzahl von Blickwinkeln zu haben, ob real oder im übertragenen Sinne. Die Diskussion der experimentellen Ergebnisse ist abgeschlossen und ihre Reproduzierbarkeit fundamental, um belastbare Schlussfolgerungen zu ziehen.

Die Wissenschaft ist kein Automat für Gewissheiten, aus dem sich jeder das ziehen kann, was er braucht. Im Gegenteil, die Erkenntnisse der Wissenschaft sind Frucht von Zweifeln und Fehlern, die für die Forschenden kein Grund für Scham sind, sondern wichtiges Erkenntnisinstrument. Und sie machen die Wissenschaft menschlicher. Fehler und Zweifel sind in der Tat ebenso fundamental für das Leben wie für die Wissenschaft. Das erzählt seinerseits Gianni Rodari im Vorwort zu seinem Buch *Il libro degli errori* (Das Buch der Irrtümer): »Irrtümer sind notwendig, nützlich wie das Brot und häufig auch schön: zum Beispiel der Turm von Pisa.« Das lehrt uns die Geschichte der Wissenschaft.

Große Wissenschaftler wie Lord Kelvin, Albert Einstein und Enrico Fermi machten Fehler. Kelvin irrte sich beim Bestimmen des Erdenalters, Fermi glaubte, transuranische Elemente entdeckt zu haben, und merkte nicht, dass er stattdessen die Kernspaltung beobachtete, Einstein führte die kosmologische Konstante ein, um die Relativität mit einem Universum übereinzubringen, das er fälschlicherweise für statisch hielt. Alle jedoch waren fruchtbar. Kelvins Arbeit, obwohl sie zu falschen Ergebnissen führte, gab den Anstoß zur Transformation des Studiums zum Alter der Erde in eine neue Wissenschaft, die in kurzer Zeit zum richtigen Ergebnis von 4,5 Milliarden Jahren kommen sollte. Die Schlussfolgerungen Fermis über die angenommenen transuranischen Elemente dienten wenig später als Inspiration für Lise Meitner, Otto Hahn und Fritz Straßmann, die die Kernspaltung des Urans entdeckten. Hahn selbst gab zu, dass er, Meitner und Straßmann sich nie für das Uran interessiert hätten, wäre Fermi nicht gewesen. Die kosmologische Konstante war in Wirklichkeit eine geniale Eingebung, auch wenn sie bei ihrer Entstehung auf irrigen Annahmen beruhte. Jahrzehnte später sollte sie von den Astrophysikern wiederentdeckt werden, um die Tatsache zu erklären, dass das Universum sich mit nicht konstanter Geschwindigkeit ausdehnt.

Diese Fehler, wie viele andere in der Geschichte der Wissenschaft, waren fruchtbar und haben viele Wendepunkte für das wissenschaftliche Denken hervorgebracht. Weil die Wissenschaft nach jedem Ergebnis, jeder vollzogenen Messung nicht stehen bleibt, sondern sich im Gegenteil weitere Fragen stellt. Die Begeisterung über eine Entdeckung ist vorübergehend, während der Zweifel den Wissenschaftler sein ganzes Leben begleitet. Zweifel, der – um den Nobelpreisträger Richard Feynman zu zitieren – keine Angst machen, sondern vielmehr als wertvolle Gelegenheit willkommen geheißen werden sollte. Zweifeln bedeutet für die Wissenschaft, frei zu sein von ängstlicher Ehrerbietung und Autoritätsprinzipien, weil die Wissenschaft demokratisch ist und wirklich »einer so viel gilt wie der andere«, sofern beide die Mühen und die Schönheit des Studiums auf sich genommen haben. Diese Freiheit macht es möglich, neue Wege zu beschreiten, unerforschte Weiten zu vermessen, revolutionäre und bedeutsame Visionen zu entwickeln. Eine Arbeitsweise, die auch jenseits der Wissenschaft angewandt werden kann und die es erlaubt, sich nicht mit einer Vision des rein finanziellen und ökonomistischen Fortschritts und Wohlstands zufriedenzugeben.

Wenn man also von den simplifizierenden Darstellungen vieler Politiker und Berichte und jenen *ex cathedra*, die zuweilen aus dem akademischen Umfeld laut werden, absieht, kann die Allianz zwischen Wissenschaft und Gesellschaft dabei helfen, die objektive und unauslöschliche Komplexität der Welt, die uns umgibt, zugänglich und handhabbar für alle zu machen, ganz ohne Angst.

In der Wahl der Instrumente zur Vermessung der Welt hat sich die Menschheit der Natur anheimgegeben. Auf die Intelligenz der Einzelnen und der Gemeinschaft wird sie sich nun verlassen müssen, damit diese Maße es erlauben, die neue Messlatte einer nachhaltigen Beziehung mit der Natur selbst und eines wahrhaft kollektiven und universellen Wohlstands neu zu definieren.

WEITERE LEKTÜREHINWEISE

In dem Bewusstsein, keine umfassende Lektüreliste zu präsentieren – das Thema ist wirklich sehr umfangreich –, schlage ich im Folgenden einige vertiefende Lektüre vor.

Die Physik ist eine Wissenschaft, die auf Experimenten basiert, und also auf dem Vermessen. Für eine Vertiefung des Themas, welchen Gebrauch die Physiker von den Maßen machen, gibt es *Die Feynman-Vorlesungen über Physik* (Oldenbourg Wissenschaftsverlag 2001) – einen der besten Physikkurse. Die Herangehensweise ist akademisch, aber mehrere Teile sind auch für Nicht-Spezialisten zugänglich. Ebenfalls von Feynman, sicherlich auf populärwissenschaftlicherem Niveau, lohnt es sich, *Sechs physikalische Fingerübungen* (Piper 2005) zu lesen.

Revolutions in Twentieth-Century Physics (Cambridge University Press 2012) und *Quantenmechanik: Eine Einführung* (Pearson Studium 2012) von Griffiths sind zwei Fachtexte, aber von großer Klarheit.

Zum Thema der Geschichte der Vermessungsprozesse hat Robert Crease das hübsche *World in the Balance* (W. W. Norton & Company 2011) geschrieben.

Ein sehr interessanter Artikel über die Geschichte des Temperaturkonzepts ist *The Development of Thermometry and the*

Temperature Concept (University of Chicago Press 1956), online verfügbar unter jstor.org.

Das Netz birgt eine Vielzahl von vertiefenden Texten über die Maßeinheiten. Unter den vielen möchte ich die Seite des Istituto Nazionale di Ricerca Metrologica in Turin hervorheben, die des amerikanischen National Institute of Standard and Technology sowie die des neuseeländischen Measurement Standards Laboratory, die eine interessante interaktive Karte enthält, die uns bewusst machen soll, wie omnipräsent die Maßeinheiten in unserem Alltagsleben sind (https://www.measurement.govt.nz/metrology/measurement-in-daily-life/).

Und zum Schluss noch zwei Bücher, die nach meiner bescheidenen Meinung in keinem Bücherschrank fehlen dürfen: *Il libro degli errori* (Das Buch der Irrtümer) von Gianni Rodari (Einaudi 2011) und *Das periodische System* von Primo Levi (dtv 1991).

DANK

In diesem Buch seid ihr auf einige sehr große Zahlen gestoßen, wie die Avogadro-Konstante oder die in Kilometern ausgedrückte Entfernung des Sterns Proxima Centauri von der Erde. Doch auch sie sind viel zu klein, um die Dankbarkeit auszudrücken, die ich den vielen Menschen schulde, die mir auf dieser Reise zur Seite standen.

Ich fange bei dem an, ohne den es dieses Buch schlicht und einfach nicht gegeben hätte: Alessandro Marzo Magno, Historiker, hervorragender Schriftsteller und lebenslanger Freund. Ihm verdanke ich das Zusammentreffen mit Laterza, die Ermutigung, mich an ein neues Projekt zu wagen und das Bücherschreiben wieder aufzunehmen, ebenso wie eine aufmerksame Lektüre des Manuskripts, die reich an wertvollen Hinweisen in vielen Bereichen war, an denen auch Alessandro meisterhaften Anteil hatte.

So viele habe ich um Einschätzungen gebeten, und alle haben mich großzügig unterstützt.

Giovanni Busetto, Alessandro De Angelis – Autor und Galilei-Forscher – und Leonardo Giudicotti, Kollegen vom Fachbereich Physik und Astronomie von der Universität Padua, haben das Manuskript sorgfältig gelesen und mir äußerst nützliche Ratschläge gegeben.

Ich hatte das Glück, just in den Monaten meines Schreibens Mauro Sambi kennenzulernen, Professor für Allgemeine und Anorganische Chemie unserer Universität. Ihm bin ich dankbar für die eingehende Überprüfung des Kapitels über das Mol, für die Korrektur meiner Ungenauigkeiten und vor allem dafür, mir großzügig seine Zeit und seine Gedanken geschenkt zu haben.

Die Revision eines Experten auf dem Gebiet wie Marco Pisani, Physiker beim Istituto Nazionale di Ricerca Metrologica in Turin war fundamental, um verschiedene Passagen des Buches zu verbessern.

Maestro Federico Maria Sardelli gebührt der Dank, meine wenig kohärenten Ausflüge in die Welt der Musik gesichtet und korrigiert zu haben, und für eine höchst erbauliche Erklärung zum Thema musikalische Tempi und über den Zusammenhang von Komponist und Interpret.

Einen Dank schulde ich auch Marina Santi, die mich in dieser Zeit daran erinnert hat, dass nicht alles im Leben messbar ist und vermessen werden sollte, Alessandra Viola für ihre wertvollen Ratschläge, Lia Di Trapani und allen Mitarbeitern des Verlags Laterza, die mich bei diesem Abenteuer begleitet und unterstützt haben, den Kollegen und Kolleginnen, die tagtäglich die Universität Padua, das Consorzio RFX (Teil des Laboratoriums in Padua, der sich mit Kernfusion befasst) und die Forschungslabors DTT zu Orten von Forschung und Studium machen, wo ich so viel gelernt habe, und denen ich so viel verdanke.

Ein Dank von Herzen an alle, die mir auf verschiedene Weise im Leben nahe gewesen sind, selbst wenn ich ihre Unterstützung nicht erkennen und wertschätzen konnte. Ein besonderer Dank gilt Annamaria und Carlo, dafür, wie viel sie mir auch in dieser Zeit beigebracht haben, und vor allem Andrea, meinem wichtigsten Leser.

All diese Menschen und noch viele andere haben mich großzügig unterstützt und mir geholfen. Die Fehler und Ungenauigkeiten, die im Buch verblieben sein mögen, liegen einzig und allein in meiner Verantwortung.

ENDNOTEN

Wo nicht anders angegeben und hier verzeichnet, sind die Zitate in diesem Buch eigene Übersetzungen von Julika Brandestini aus dem italienischen Original von Piero Martin.

1 Vitruv: De architectura libri decem – Zehn Bücher über Architektur. Marix Verlag 2004, S. 91.

2 Herodot: Historien. e-artnow 2021, S. 146 f.

3 Einstein, Albert: Über die spezielle und allgemene Relativitätstheorie. Unter: https://archive.org/details/berdiespezielleoounkngoog/page/n6/mode/2up, S. 9.

4 Ebd. S. 29

5 Aulus Gellius: Die Attischen Nächte, Band 1. Wissenschaftliche Buchgesellschaft Darmstadt 1975, S. 181.

6 Newton, Isaac: Mathematische Prinzipien der Naturlehre. Zitiert von: http://philocast.net/isaac-newton-ueber-relative-und-absolute-zeit

7 https://www.cicero.de/wirtschaft/wie-hitler-planck-umbrachte/37315

8 Griffiths, David J.: Introduction to Quantum Mechanics. Pearson Deutschland 2012, S. 11.

9 Ebd.

10 Feynman, Richard: Vorlesungen über Physik, Band 1. Oldenbourg 2001, S. 58.

11 Ebd.

12 Ebd.

13 Lukrez: Von der Natur. Weidmannsche Buchhandlung Berlin 1924, S. 296.

14 Platon: Sämtliche Werke 5. Rowohlt 1959, S. 201.

15 Levi, Primo: Das periodische System. dtv 1991, S. 150 f.

16 Ebd., S. 47 f.

17 Levi, Primo: Ist das ein Mensch? dtv 2010, S. 99.

LESEPROBE

ZU
KUN
FT
DENKEN
David
Christian
Die
nächsten
100, 1000
und
1 Milliarde
Jahre
aufbau

Einleitung

> Wenn ihr durchschauen könnt die Saat der Zeit
> Und sagen: dies Korn sproßt und jenes nicht, –
> So sprecht zu mir …
>
> Banquo zu den drei Hexen, *Macbeth*[1]

Öffnen Sie eine knarzende Tür in einem verwunschenen Haus, und Ihnen werden kalte Schauer den Rücken hinunterlaufen. Alles Mögliche könnte erscheinen. In jedem Augenblick unseres Lebens öffnen wir Türen in die Zukunft. Was verbirgt sich hinter ihnen? Wie können wir uns auf das Unbekannte vorbereiten? Schon der Apostel Paulus schrieb: »Wir sehen jetzt durch einen Spiegel in einem dunklen Bild.«[2] In diesem Buch geht es um das verborgene Gesicht der Zeit, um die Teile, die im Dunkeln zu liegen scheinen, weil wir sie noch nicht gesehen haben. Es geht um das, was an dem seltsamen Ort auf uns lauert, den wir »die Zukunft« nennen – und darum, wie wir versuchen, es uns vorzustellen, uns darauf vorzubereiten und es zu bewältigen.

Das Bemühen, die Zukunft zu verstehen, kann einem das Gefühl geben, ins Leere zu fassen. Doch so ungreifbar sie auch erscheint, die Zukunft hat nachhaltigen Einfluss auf unser Denken, Fühlen und Tun. Wie viel Sorge und Mühe, Hoffnung und Kreativität widmen wir der Zukunft! Es könnte sogar sein, dass sich der *größte* Teil unseres Denkens mit möglichen Zukünften befasst. Meist reagieren wir automatisch auf sie. Das ist unser alltägliches Zukunftsdenken. Es ist vertraut und trivial. Gesteuert wird es von biologischen Prozessen, neurologischen Vorgängen und Algorithmen, die uns intuitiv vorkommen, weil sie meist unterhalb der Bewusstseinsschwelle stattfinden. Hier handelt es sich um das Zukunftsdenken, das wir praktizieren, wenn wir eine Straße überqueren und überlegen, ob uns der heranbrausende Sattelschlepper wohl erwischt. Dem Geheimnis der Zukunft begegnen wir erst dann wirklich, wenn wir neue Richtungen einschlagen, wenn ein Kind geboren wird, wenn wir uns einer plötzlichen Krise gegenübersehen, wenn wir in ein anderes Land ziehen oder wenn wir versuchen, uns die Zukunft des Planeten Erde vorzustellen. Das ist bewusstes Zukunftsdenken. Sobald wir aufmerksam und eingehend über die Zukunft nachdenken, wird uns rasch klar, wie sonderbar sie ist.

Im vorliegenden Buch werden wir uns damit beschäftigen, wie Philosophen, Wissenschaftler und Theologen über die Zukunft gedacht haben. Wir werden uns anschauen, wie sich andere Lebewesen – von Bakterien über Biber bis zu Baobabs – mit dem gleichen tiefen Geheimnis auseinandersetzen, indem sie eine ungeheuer komplexe biochemische und neurologische Maschinerie benutzen. Und wir werden uns mit der Frage beschäftigen, was unsere eigene Spezies von anderen unterscheidet, wenn sie kollektiv und bewusst über die Zukunft nachdenkt und versucht, auf sie einzuwirken. Zum Schluss geht es um einige der heute denkbaren Zukünfte in den nächsten Jahrzehnten, Jahrtausenden und Jahrmilliarden. Zum Schluss stellen wir einige Vermutungen über das Ende der Zeit an.

Ein alltägliches Geheimnis

In jedem Augenblick unseres Lebens sehen wir uns mit dem eigenartigen, existenziellen Geheimnis der Zukunft konfrontiert. Es scheint viele mögliche Zukünfte zu geben. Blitzartig sind dann alle diese Zukünfte bis auf eine verschwunden, und wir haben es nur noch mit einer einzigen Gegenwart zu tun. Wir müssen diese Gegenwart schnell bewältigen, weil sie gleich darauf schockgefroren im Gedächtnis und in der Geschichte landet – mit so viel Bewegungsfreiheit wie ein Mammut in Eiszeitgletschern. Auf der anderen Seite jeder knarzenden Tür wartet eine endlose, ungeduldige Menge anderer möglicher Zukünfte, einige alltäglich, einige trivial, einige geheimnisvoll und einige, die tiefgreifende Veränderung bringen. Und wir wissen nicht, mit welcher wir es zu tun bekommen werden.

Die Geheimnisse, in die die Zukunft gehüllt ist, sind verlockend und erschreckend zugleich; sie haben großen Anteil an der Fülle, Schönheit, Freude und Bedeutung des Lebens. Seinem Zauber! Wollen wir wirklich wissen, was hinter jeder Tür liegt? Vor 2000 Jahren fragte Cicero: Und Cäsar – hätte er »durch Weissagung die Versicherung erhalten (...), [er werde] (...) von Bürgern ersten Ranges, die zum Teil ihm Alles zu verdanken hatten (...) ermordet werden, und so da liegen, daß nicht nur keiner seiner Freunde, sondern nicht einmal Einer seiner Sklaven zu seinem Leichnam hinträte – in welcher Seelenqual, sage ich, würde er sein Leben hingebracht haben?!«[3] Cicero kannte Cäsar und hatte vielleicht sogar mit eigenen Augen gesehen, wie dieser in den Iden des Märzes (am 15. März) 44 v. Chr. erdolcht wurde. Als Cäsar starb, schrieb Cicero gerade an seinem bedeutenden Werk über Weissagung. Daher war das Beispiel für ihn so lebhaft und eindringlich. Türen zur Zukunft verbergen Dinge, die wir vielleicht lieber nicht kennen würden. Unsere Ahnungslosigkeit bezüglich der Zukunft trägt wesentlich zur Dramatik und zum Reiz des Lebens bei. Sie gibt uns die Freiheit, uns zu entscheiden, und nimmt uns in die moralische Pflicht, sorgfältig zu entscheiden.

Gleichwohl möchten wir oft unbedingt einen Blick auf das erhaschen, was uns erwartet. Welche Hinweise haben wir? Wenn wir in ein anderes Land reisen, können wir mit Leuten sprechen, die schon dort gewesen sind, oder wir richten uns nach *Lonely-Planet*-Reiseführern, so wie die Europäer im 19. Jahrhundert mit ihrem *Baedeker* reisten. Als gelernter Historiker habe ich die Vergangenheit in meiner Vorstellung bereist, indem ich die Aufzeichnungen und Erinnerungen der Menschen, die einst lebten, als *Baedeker* benutzte. Ich bin nicht blind gereist. Wenn wir aber die Zukunft betreten, haben wir keine Reiseführer, weil noch keine Menschenseele dort war. Zu Recht hat uns der Historiker und Philosoph R. G. Collingwood darauf hingewiesen, dass uns die Zukunft keine Dokumente hinterlasse.[4]

Dieses Nichtwissen ist beängstigend, weil die Zukunft wirklich – wirklich! – von großer Bedeutung ist. »Schließlich«, so der Zukunftsforscher Nicholas Rescher, »werden wir dort alle den Rest unseres Lebens zubringen.«[5] Daher suchen wir alle nach Orientierungshilfen.

Unser Verstand hält ständig nach Mustern, Trends und Zeichen Ausschau und stellt sich gute und schlechte Zukünfte vor; wir versuchen Botschaften von Träumen oder Sternen ebenso zu deuten wie die Warnungen oder Verheißungen von Wahrsagern oder Finanzberatern. Wir fragen Eltern, Ärzte oder Lehrer. Moderne Regierungen fragen Wirtschaftswissenschaftler und Statistiker (und entlohnen sie gelegentlich fürstlich). All das tun wir, denn mag die Zukunft auch keine Dokumente hinterlassen, so verfügen wir doch über einige Hinweise auf das, was da kommen könnte. Und manchmal können wir Vorhersagen auf der Basis von, wie Leibniz sagte, »moralischer [d.h. annähernder] Gewissheit« abgeben. Die Sonne wird morgen aufgehen; ich werde eines Tages sterben; der Staat wird darauf bestehen, dass ich Steuern zahle. Ich kann diese Dinge nicht mit »absoluter Gewissheit« behaupten. Aber doch mit annähernder. Ich kann die Zukunft nicht im Detail vorhersagen, abgesehen von seltenen Fällen, wie zum Beispiel Sonnenfinsternissen. Anders als die mit Einzelheiten gespickte Vergangenheit ist die Zukunft eine diffuse Welt unscharfer Formen, die sich im Zwielicht bewegen.

Am seltsamsten ist aber, dass unsere einzigen Hinweise auf die Zukunft in der Vergangenheit liegen. Daher fühlt sich Leben manchmal an, als lenke man einen Rennwagen, während man in den Rückspiegel blickt. Kein Wunder, dass wir hin und wieder Unfälle bauen. Wie die Wahrsager in Dantes Inferno, denen man zur Strafe die Gesichter nach hinten drehte, schauen wir zurück, während wir die Zukunft betreten. Daher ist es paradox, dass Historiker, die ihre Zeit damit verbringen, die Vergangenheit zu studieren, so selten an die Zukunft denken. Dieses Buch verfolgt unter anderem das Anliegen, für die Verknüpfung des Vergangenheitsdenkens (der »Geschichte«) mit dem Zukunftsdenken zu werben, damit wir die Vergangenheit besser nutzen, um mögliche Zukünfte auszuleuchten.

Heute ist sorgfältiges Zukunftsdenken besonders wichtig, weil die Geschichte des Planeten Erde vor einem Wendepunkt steht. Im letzten Jahrhundert haben wir Menschen plötzlich so viel Macht erworben, dass wir die Zukunft der Erde und ihre vulnerable Lebensfracht in unseren unsicheren Händen halten. Was wir in den nächsten fünfzig

Jahren tun, wird über die Zukunft der Biosphäre in den nächsten Tausenden oder vielleicht Millionen Jahren entscheiden. Was wir tun, wird seinerseits davon abhängen, wie wir uns unsere Zukünfte vorstellen und welche wir zu realisieren versuchen. Wenn klarer ist, was wir unter Zukunft verstehen, wie wir uns auf sie vorbereiten können und welche Zukünfte am wahrscheinlichsten sind, sind diese Erkenntnisse nicht nur für Experten von großer Bedeutung, sondern auch für jeden denkenden Bürger der heutigen Welt.

Und doch: Trotz des eigenartigen Charakters der Zukunft, der Aufmerksamkeit, die wir möglichen Zukünften schenken, und der elementaren Bedeutung sorgfältigen Zukunftsdenkens, sind die allgemeinen Fertigkeiten des Zukunftsdenkens nichts, was an unseren Schulen oder Universitäten gelehrt würde. Zwar werden Spezialisten bestimmte Fertigkeiten des Zukunftsdenkens wie Computermodellierung vermittelt, aber die meisten von uns müssen improvisieren. Wir verlassen uns auf unsere Instinkte und Intuitionen, um der geheimnisvollen Welt zu begegnen, die vor uns liegt und ihren Schatten auf so viele unserer Gedanken und Handlungen wirft. Einer der Gründe, dieses Buch zu schreiben, war die Erkenntnis, dass ich kaum eine Ahnung hatte, was genau wir unter »Zukunft« verstehen oder wie viel Einfühlungsvermögen man benötigt, um über wahrscheinliche Zukünfte nachzudenken. Und allgemein verständliche Einführungen in den Themenbereich der Zukunft und des Zukunftsdenkens konnte ich nirgends finden.[6] Ich vermute, dass ich nicht der Einzige bin, der mehr über die seltsame Welt hinter der knarzenden Tür erfahren möchte. Darum habe ich versucht, das Buch zu schreiben, nach dem ich gesucht habe. Ich sehe es als eine Art Bedienungsanleitung für die Zukunft. Obwohl ich kein Zukunftsforscher im engeren Sinn bin, habe ich versucht, zu begreifen, was wir *meinen,* wenn wir von »Zukunft« sprechen, besser zu erkennen, wie wir über wahrscheinliche Zukünfte *nachdenken* sollten, und mir mithilfe dieser Erkenntnisse Zukünfte für uns, unseren Planeten und das Universum als Ganzes *vorzustellen.*